中等职业教育**中餐烹饪**专业系列教材

广东点心

第2版

主编　李永军

U0280391

重庆大学出版社

内容提要

本书分为14个项目，每个项目包含若干个任务，每个任务都以图解的方式较为详细地展示了广东点心的制作过程，项目所包含的内容基本上涵盖了广东点心常见的品种。本书从认识广东点心入手，先让读者了解广东点心的饮食文化、广东点心的特点和发展趋势，然后以图片展示的方式让读者认识广东点心基本原料知识，再以图解的方式让读者一步一步地学习广东点心生产的设备与工具、广东点心的熟制方法与疏松原理、广东点心制作基本功知识、发酵类品种制作技术、糕品及米粉类品种制作技术、澄面皮类品种制作技术、油酥类品种制作技术、烧卖类品种制作技术、春卷皮品种及其创新、广式月饼及其他类品种制作技术，最后让读者学习广东点心从业者必备的职业素养。

本书可作为中等职业教育烹饪专业教材，也可作为广东点心制作人员的培训教材。

图书在版编目（CIP）数据

广东点心 / 李永军主编. -- 2 版. -- 重庆：重庆大学出版社，2023.5
中等职业教育中餐烹饪专业系列教材
ISBN 978-7-5624-7855-3

Ⅰ. ①广… Ⅱ. ①李… Ⅲ. ①糕点—制作—广东—中等专业学校—教材 Ⅳ. ①TS213.2

中国版本图书馆 CIP 数据核字（2022）第211802号

中等职业教育中餐烹饪专业系列教材

广东点心
（第 2 版）

主 编 李永军
策划编辑：沈 静

责任编辑：沈 静 版式设计：沈 静
责任校对：王 倩 责任印制：张 策

*

重庆大学出版社出版发行
出版人：饶帮华
社址：重庆市沙坪坝区大学城西路 21 号
邮编：401331
电话：（023）88617190 88617185（中小学）
传真：（023）88617186 88617166
网址：http://www.cqup.com.cn
邮箱：fxk@cqup.com.cn（营销中心）
全国新华书店经销
重庆长虹印务有限公司印刷

*

开本：787mm×1092mm 1/16 印张：10 字数：227 千
2014 年 2 月第 1 版 2023 年 5 月第 2 版 2023 年 5 月第 7 次印刷
印数：16 001—19 000
ISBN 978-7-5624-7855-3 定价：49.80 元

第 2 版前言

  《广东点心》自2014年出版以来，得到了广大读者和许多学校的大力支持。目前，《广东点心》已经第7次印刷。从2018年广东正式实施乡村振兴战略"粤菜师傅"工程以来，广东省政府在餐饮业方面加大了资源投入，形成了完整的、严密的、充满活力的政策体系。广东点心制作技艺得到大力推广，广东点心的饮食文化与技艺的传承获得了长足的发展。鉴于此，本书依然保持以传播与传承传统广东点心饮食文化、基础理论和基本功、基础技能、主要针对初学者等特点，对原书进行了修订。主要修订了以下几个方面。

  1. 规范和修改了一些不正确的词语。

  2. 规范了部分原材料的名称，增加了部分新原料的介绍。

  3. 对部分品种的配方和工艺进行了改进。

  4. 优化和更换了一些产品的图片。

  《广东点心》以广东点心制作的基础理论和基本功操作为主，融入广东点心的饮食文化，图文并茂。图解过程中的每一张图片均针对基本功和每个品种制作的动作标准，能帮助初学者更快、更好地学会制作广东点心。

  《广东点心》在修订过程中，参考并引用了一些书籍和学术刊物的内容，在此向有关作者致以衷心的感谢。由于编者水平有限，书中疏漏之处在所难免，恳请广大读者批评指正，以便我们继续更好地完善。

李永军

2022 年 10 月

第1版前言

近年来，虽然在广东乃至全国各中职学校和培训机构使用的《广东点心》教材很多，但多以文字性描述为主，学生难以理解和掌握。对于广东点心的饮食文化而言，现在年轻一代很少有人能全面地了解和掌握，传统的广东点心慢慢被淡化。同时，在广东点心制作基础理论方面的内容和基本功操作方面的内容也较为欠缺。特别是对广东点心初学者来讲，图文并茂的一本教材，将会帮助他们更快、更好地学会制作广东点心。目前，学校及市场均缺乏有关广东点心制作的、图文并茂的、融饮食文化于一体的教材和参考书籍。

在这种形势下，编者与重庆大学出版社共同策划了《广东点心》这本教材的编写，以解决目前学校和市场的需求，为广东点心的传承与发扬贡献一点微薄的力量。

《广东点心》一书从广东点心的饮食文化、基本理论知识到广东点心品种制作等方面入手，结合编者近20年从事广东点心课程教学及实践的经验，基于广东餐饮市场的实际工作任务，分为若干个类别及项目。除了原材料以图片形式展示外，还将广东点心制作过程中的基本手法、基本技法、每一款品种等以图解制作的形式详细展示给读者，读者能根据图解过程很快掌握每一款广东点心的制作。

《广东点心》一书在编写过程中，参考和引用了一些书籍及学术期刊的内容，在此向有关作者致以衷心的感谢。由于编者水平有限，书中难免存在不足或疏漏的地方，恳请读者批评指正，以便我们继续完善。

本书在编写过程中，还得到了广州市旅游商务职业学校蔡树容老师、舒季春女士及陈小艺、何敏华、甄家敏、陈俊文等面点班学生们的大力帮助，在此也向他们表示衷心的感谢。

李永军

2013 年 11 月

Contents

目 录

认识广东点心

任务1 广东点心的饮食文化

1.1.1 广东的早茶文化

广东早茶，就是广东人所说的上茶楼饮茶。广东的茶楼不同于一般茶楼，纯粹喝茶。广东早茶非常丰富，更广泛的是品种多样的广东点心、菜肴粥品。广东早茶的来源，要追溯到咸丰和同治年间。当时广州有一种名为"一厘馆"的馆子，门口挂着写有"茶话"二字的木牌，供应茶水糕点，设施简陋，仅以几张木桌、木凳迎客，供路人歇脚谈话。后来出现了茶居，规模渐大，变成茶楼，此后广东人上茶楼（图1.1）喝早茶蔚然成风。

在广东人的眼里，"吃"早茶不是消耗时间，而是被视为一种交际和业余消遣时间的方式。喝茶、吃点心、看报纸、会友、聊天、想心事、谈生意，既填饱了肚子，又联络了感情，还交流了信息。在广东，"吃"早茶就是吃时间的滋味，时间也会因此变得有滋有味，呈现出生命的趣味与丰富。正是因为这样，广东人又把饮茶称为"叹茶"。"叹"是广州的俗语，意思是"享受"。

图1.1 茶楼

1.1.2 广东点心的起源与发展

1）广东点心的起源

广东点心（图1.2）又称广式点心，是以岭南小吃为基础，广泛汲取北方各地，由

图 1.2　广东点心

六大古都的宫廷点心和西式糕饼技艺发展而成，品种达 4000 多款，是全国点心种类之冠，具有用料精博、喜用海鲜、品种繁多、款式新颖、口味清新多样、制作精细、咸甜兼备等特点。各款都讲究色泽和谐、造型各异、相映成趣，能适应各方人士的需求。

广东点心最早以民间食品为主。由于广东地处我国东南沿海，气候温和，雨量充足，物产丰富，盛产大米，因此当时的民间食品一般都是米制品，如伦教糕、萝卜糕、糯米年糕、油炸糖环等。正是在这些民间小吃的基础上，经过历代的演变和发展，逐步形成了今天的局面。

广东具有悠久的文化。早在秦汉时期，番禺（今为广州市的一个区）就成了南海郡治，经济繁荣，市场贸易增加，餐饮业得到发展。民间食品为顺应需要也就相应地发展起来。明末清初，屈大均的《广东新语》描述民间饮食习俗的一节中记载："平常则作粉果。以白米浸至半月，入白粳饭其中，乃春为粉，以猪脂润之，鲜明而薄，以为外；茶蘼露、竹胎（笋）肉粒、鹅膏满其中以为内。则与茶素相杂而行者也。一名粉角。"这就是广东著名的美点——娥姐粉果。又如："广州之俗，岁终以烈火爆开糯谷，名曰炮谷，以为煎堆心馅。煎堆者，以糯粉为大小圆，入油煎之……"主要是说广东的著名小吃——煎堆。如今煎堆经过演变，品种已多样化，其皮有软、有硬、有脆，其馅有豆沙、椰丝等。

2）广东点心的发展

广东点心在发展方面经历了以下时期：秦始皇南定百越，建立"驰道"，广东与中原的联系开始加强。汉代之后，北方各地饮食文化与岭南交往频繁。北方的饮食文化对广州点心产生了较大影响，如增加了面粉制品，出现了酥饼一类食品。乾隆二十三年（1758 年），《广州府志》记载有沙壅、白饼、黄饼、鸡春饼等。

西晋时期至唐宋末年，客家人保留着北方的食俗风尚，喜欢吃饺子，但广东地区主产稻米而不种植小麦，古时交通和商品流通又不发达。因此，客家人便利用当地原料，创制出"米粉饺"等。这些饺子既具有北方饺子的基本风采，又别有风味。

在唐代，广州成为著名的港口，外贸发达，商业繁荣，与海外各国经济文化交往密切。19 世纪中期，欧美各国的传教士和商人纷至沓来，广州街头万商云集。由于较早地从国外传入了各式西点的制作技术，广州的点心大师们汲取了西点制作技术的精华，丰富了广式点心的品种。如广州著名的酥点之一擘酥类，就是汲取西点技术制作而成的。擘酥汲取西点清酥面制作而成。清酥面采用面粉和白塔油和成油面，经过冷冻。擘酥则采用面粉和凝结猪油，经过冷冻，即用料中式，制作上仍属西点。

清代以后，广州对外贸易的地位突出，来自北方的商旅不断增加，适合北方饮食习惯的面食点心随之兴起。灌汤包、千层饼、烧卖、馄饨、面条、包子、馒头等相继出现在广州食肆，经广州传至广东各地。

20世纪20—30年代，广东点心业发展迎来了兴旺时期，当时创制的点心名品笋尖鲜虾饺、甫鱼干蒸烧卖、蜜汁叉烧包、掰酥鸡蛋挞等历久不衰。20世纪80年代，广东点心（图1.3和图1.4）在岭南民间食品的基础上，结合北方面食的特点，汲取西点所长，加以改良创新，形成了精美雅致、款式常新、荤素相宜、酸甜苦辣咸五味俱全的广东特色点心。

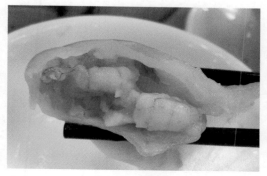

图1.3　广东点心

目前，广东的点心师们凭着高超的技艺，利用不同的皮、馅，千变万化的组合和造型，制成各种各样的广东点心。在各类广东点心中，代表名品有：鲜虾荷叶饭、绿茵白兔饺、香煎萝卜糕、皮蛋酥、榴莲酥、南瓜酥、冰肉千层酥、酥皮莲蓉包、刺猬包、粉果、干蒸蟹黄烧卖、及第粥等。富有地方特色的点心小吃有：虾饺、干蒸烧卖、娥姐粉果、马蹄糕、叉烧包、蟹黄饺、蟹黄包、糯米鸡、各类肠粉、蜂巢香芋饺、鸡仔饼、家乡咸水角、大良双皮奶、姜撞奶、白糖伦教糕等。在饼食中，以广式月饼最为有名。广式月饼的制作有其独到之处，选料广泛，加工精细，皮薄馅精。广式月饼不仅在国内市场畅销，而且远销国外，如莲蓉月饼、椰蓉月饼等。此外，还有老婆饼、成珠小凤饼等。

图1.4　广东点心

任务2　广东点心的特点和发展趋势

1.2.1　广东点心的特点

1）选料考究，喜用海鲜，重糖重油，品种丰富

广东点心品种齐全，种类繁多。广东小吃历史悠久，光是小店经营的米面制品小吃，就有300多种。广东地域广阔，有山区，也有平原，有海岛，也有内陆。因为人们的生活习惯各不相同，所以取材于当地，小吃也各具特色，品种丰富。如潮州地区小吃以海产品、甜食著称。广东点心多数品种较甜，用油量较多，就是咸点的皮坯中也带有一些甜味，这与南方的饮食习惯有关。

2）季节性强

由于广东点心的品种根据一年春、夏、秋、冬不同季节的变化而变化，一般夏季宜清淡，春季浓淡相宜，冬季宜浓郁，因此广东点心品种繁多，形态、花色突出。如春季供应人们喜爱的浓淡相宜的礼云子粉果、银芽煎薄饼、玫瑰云霄果等；夏季应市的是生磨马蹄糕、西瓜汁凉糕等；秋季应市的是蟹黄灌汤饺、荔浦秋芋角等；冬季则为滋补御寒点心，如腊肠糯米鸡等。

3）成品制作严格，皮薄馅厚，花纹清晰

广东点心注重馅料丰满，清香油润，荤素齐备。要求皮薄馅厚，皮馅丰满相贴，饼身边角分明，花纹清晰，成品精小雅致，规格完整。

4）中西结合，博采众长

广东地处沿海，毗邻港澳。广东点心在继承传统制作工艺的基础上，汲取了西点的特长，其品种新颖，工艺独特，如拿破仑酥、奶油蛋糕、布丁蛋糕等。

1.2.2 广东点心的发展趋势

1）向着低能量、药膳点心方向发展

随着社会的发展，人们在享受物质生活的同时，肥胖症、高血脂、糖尿病、冠心病、恶性肿瘤等现代"文明病"的发病率不断升高，因此人们越来越重视身体健康，越来越重视营养保健。而广东点心很多品种具有重糖、重油的特点，对其进一步发展具有一定的制约。广东点心重糖、重油的特点不仅体现在煎、炸、烤等烹制技法上，而且体现在用料上。广东点心坯皮和馅料中用糖、用油的量较大。如广东点心中的叉烧包、酥皮莲蓉包、千层酥、广式月饼、老婆饼、白糖伦教糕等富有地方特色的点心均配有较大比例的油与糖。因此，广东点心要想适应社会的发展需求，必定向着低脂、低糖、药膳等方向发展。

2）新资源点心品种将会越来越多

广东地处岭南，濒临南海，雨量充沛，四季常青，物产丰富。因此，充分利用各种珍奇原料丰富广东点心的品种数量，对广东点心的发展具有重要意义。广东饮食喜用药食兼用原材料，如党参、黄芪、沙葛、白芷、海马、冬虫夏草等皆为制作菜肴常用原料，但在点心制作中用量极少，这是今后新资源开发利用的方向之一。又如广东人饮茶吃点心，闻名世界。茶点心与名茶相配进食品饮由来已久。古人饮茶，已有"茶食""茶果"之说，"食"和"果"指的都是点心。因此，用茶作为点心配料制作出茶叶点心，使点心透着茶香，与名茶相配，相得益彰，值得在广东点心中推广。又如，广东热带水果较多，奇瓜异果品质优良，产品新鲜，皆是制作点心的上好原料，如芒果、榴莲、龙眼、荔枝、椰子等。用水果制作广东点心，一般是在糕点中，如在蛋糕的表面起装饰作用。而利用水果作为广东点心的配料，或者直接用水果汁调制面团制作广东点心的情况则相对较少。因此，充分应用水果类原料，结合科学的熟制工艺，可以丰富广东点心的品种，提高广东点心的营养价值。

3）宴席点心的发展将会越来越好

广东宴席中以蒸、炒、煎、焖制作的热菜为主，比例达到95%以上，而目前广东点心在宴席中所占的比例还是比较小的。随着人们对广东点心喜爱程度越来越高，纯点心宴席也逐渐被人们接受。因此，广东点心在宴席中具有很大的发展空间。在广东点心的制作品种上，增加原料的品种，完善营养配比，使广东点心更加合理化地向着宴席式的结构方向发展。这也是提高广东点心地位的重要思路。

4）向着机械化、工业化和标准化发展

目前，广东点心的制作基本还停留在手工制作上。随着人们生活节奏的不断加快，劳动力成本的不断上升，方便食品、速冻食品必然成为新的需求亮点。广东点心的制作如果单纯用目前的手工化操作，不能适应今后的发展需求，必须改用机械化、自动化的生产方式，并且要批量化生产，才能适应时代发展的需求。

项目 2

广东点心基本原料知识

2.1.1 认识米类

制作广东点心常用的大米一般分为籼米、粳米和糯米 3 类。

1）籼米

籼米（图 2.1）是中国出产的一种稻米。籼米的米粒一般呈长椭圆形或细长形，透明度较差，腹白度较大，易碎，胀性大，黏性弱。籼米分为早籼米和晚籼米，一般早籼米腹白较大，硬质颗粒少，晚籼米腹白较小，硬质较多。晚籼米蒸煮米制品，其产品品质优于早籼米，煮熟的米饭黏性和适口性好，米汤固形物多，出饭率低。

图 2.1　籼米

籼米直链淀粉的含量为 30% 左右。籼米的特点是：米质较疏松、硬度适中、黏性小、胀性大，主要用来制作干饭、稀粥以及发酵型的点心，如发糕、蜂糕等。

2）粳米

粳米（图 2.2）是用粳型非糯性稻谷碾制成的米。粳米的米粒呈椭圆形，具有粒短、宽而厚、不易碎、胀性小、黏性较强、透明度好、腹白小等特点。粳米分为早粳米和晚粳米。早粳米腹白度大，硬质颗粒较少。晚粳米腹白小，硬质颗粒较多。粳米淀粉糊化度较低，蒸煮时间短、柔软、有光泽、适口性好，米汤中固形物多，出饭率低。

图 2.2　粳米

粳米中直链淀粉的含量为20%左右。粳米的特点是：米质坚实、硬度高，其黏性和胀性介于籼米与糯米之间，出饭率比籼米低，在广东点心制作中多用于调节产品的黏韧性，在广东粥品及肠粉制品中经常用到。

3）糯米

图2.3　糯米

糯米（图2.3）也称江米、酒米。按其米粒形状分为籼糯米、粳糯米两种。籼糯米的米粒一般呈长椭圆形或细长形，乳白色，不透明（也有呈半透明的，俗称阳糯），粒性大。粳糯米的米粒较短，乳白色，不透明（也有半透明的，俗称阴糯），粒性大。用糯米做出来的米饭黏性很强，口感细嫩，外观富有光泽。糯米出饭率比其他米低。

糯米的特点是：米质均匀、硬度低、黏性大、胀性小。其点心制品具有软、糯、黏、韧的特点，如糯米鸡、粽子、糯米卷等。

4）大米的品质鉴别

（1）优质的大米

优质的大米其米粒大小均匀，坚实丰满，粒面光滑、完整，很少有碎米、爆腰、腹白（稻谷未成熟，淀粉排列疏松，糊精较多，缺乏蛋白质），且无虫，不含杂质，青白色，有光泽，呈半透明状，具有正常的香味，无异味，熟后味佳，微甜，无任何异味。

（2）次质的大米

次质的大米其米粒大小不均匀，饱满程度差，碎米较多，有爆腰和腹白粒，粒面发毛、生虫、有杂质，白色或微淡黄色，透明度差或不透明，微有异味，熟后乏味或微有异味。

（3）劣质的大米

劣质的大米有结块、发霉现象，表面可见霉菌丝，组织疏松，霉变的米粒色泽差，表面呈绿色、黄色、灰褐色、黑色等，闻之有霉变气味、酸臭味、腐败味及其他异味，熟后有酸味、苦味及其他不良的气味。

图2.4　面粉

2.1.2　面　粉

面粉（图2.4）又称小麦粉，由小麦加工而成。面粉是广东点心制作中使用非常广的一种原材料。因为在现代点心操作中，无论是大众化点心还是糕点、酥点等均需要用面粉来进行制作，所以面粉的用量很大。那么，为什么其他粉类没有面粉这么重要呢？其关键在于面粉有着与其他粉类不同的特有的

性质。在此重点讲述面粉的知识。

1）广东点心选用面粉的原则

面粉按加工精度的不同可分为四等，即特制一等粉、特制二等粉、标准粉、普通粉。近年来，由于国外技术的引进和我国食品业的进一步发展，面粉的分类越来越细。根据现代人制作点心的需要，目前市场上出现了许多特制的面粉，如面包专用粉、馒头专用粉、糕点专用粉、饺子专用粉、全麦粉、各种预拌粉（如燕麦预拌粉、玉米预拌粉、高粱预拌粉等）等。在广东点心制作中，除了可以根据所做产品的类别有需要地对以上面粉进行选择外，还可以根据目前面点行业内按面粉中蛋白质含量（即所含湿面筋数量）的不同，而选择高筋面粉、中筋面粉、低筋面粉等。

2）面筋

从化学角度来讲，面筋是面粉中的蛋白质吸水形成的。面粉中的蛋白质主要由麦胶蛋白和麦谷蛋白组成，麦胶蛋白和麦谷蛋白这两种蛋白质占面粉蛋白质总量的80%以上，并且能与水结合形成面筋。从物理学的角度来讲，将面粉加水调制成面团后，用水冲洗并过滤，最后剩下的一团微黑色的胶状物质就是湿面筋（图2.5）。

A.　　　　　　　　B.　　　　　　　　C.　　　　　　　　D.

图2.5　手洗湿面筋

区别高筋面粉、中筋面粉、低筋面粉较为正确的方法是通过水洗面筋法测定。具体的操作方法如下：先取500克面粉加入250克水调制成面团，用水冲洗并过滤，洗出湿面筋，然后将湿面筋用干布吸干水，称出重量，再以此重量除以面粉的重量就是此面粉湿面筋的含量。如500克面粉洗出湿面筋重量为190克，则此面粉的湿面筋含量为 $\frac{190}{500} \times 100\%=38\%$。按照这样的方法，我们一般将面粉的分类以如下方法划分。

高筋面粉：湿面筋含量在35%以上。

中筋面粉：湿面筋含量在26%～35%。

低筋面粉：湿面筋含量在26%以下。

在制作广东点心时，有些产品体积起发特别大，如油条、面包等。这是因为有足够数量的面筋在支撑，所以这些产品必须选用高筋面粉。有些产品在制作时一般要求酥松或入口即化，如合桃酥、甘露酥、松酥皮等，这就要求在制作时面筋数量不能太多。因此，在制作这些广东点心时，必须选用低筋面粉。对一些要求一般的广东点心产品，如面条、饺子、蛋散等，选用中筋面粉即可满足要求。为什么要这样选择面粉？因为面筋的特有性质在广东点心制作中会影响广东点心加工制作的特性。面筋的具体特性如下。

（1）面筋延伸性

面筋延伸性（图2.6）是指面筋被拉长到某种程度而不断裂的能力。原始测定面筋延伸性的方法是：先将洗出来的湿面筋取出约15克，分成3份，每份5克。然后将面筋搓成7～13厘米的长条，以双手的3个手指掐住长条的两端，放在米尺上匀速把面筋拉长直到断裂，记录断裂时的长度。用同样的方法测出另外两份的断裂长度。延伸性强的面筋长度在50厘米以上，延伸性中等的面筋长度在28厘米左右，延伸性差的面筋长度在25厘米以下。

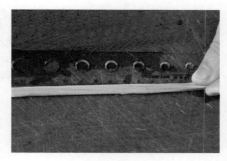

图2.6 面筋延伸性

（2）面筋弹性

图2.7 面筋弹性

面筋弹性（图2.7）是指湿面筋被压缩或拉伸后恢复原来状态的能力。面筋的弹性可以分为强、中、弱3等。弹性强的面筋，用手指按压后能迅速恢复原状，且不黏手，也不会留下手指的痕迹，用手拉伸时有很大的抵抗力。弹性弱的面筋，用手指按压后不能复原，会黏手并留下较深的指纹，用手拉伸时抵抗力很小，下垂时，会因本身重力自行断裂。弹性中等的面筋，其性能介于两者之间。

（3）面筋韧性

面筋韧性（图2.8）是指面筋拉伸时所表现的抵抗力。一般来说，弹性强的面筋，韧性也好。

（4）比延伸性

比延伸性是指面筋每分钟能自动延伸的厘米数。面筋质量好的高筋粉每分钟仅自动延伸几厘米，而低筋粉的面筋每分钟可自动延伸高达100厘米。

面筋的以上性质在广东点心生产中对制成品的效果影响较大，由此可以将面筋划分为如下3类。

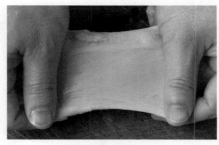

图2.8 面筋韧性

①优良面筋。弹性好，延伸性大或适中。

②中等面筋。弹性好，延伸性小或适中，弹性中等，比延伸性小或适中。

③劣质面筋。弹性小，韧性差，由于本身重力而自然延伸和断裂。完全没有弹性或冲洗面筋时，黏结不良而流散。

3）影响面筋形成的因素

影响面筋形成的因素主要有：面团温度、面团中的含水量、面团放置的时间、外力作用等。

①面团温度。由于面团温度过低会影响蛋白质吸水形成面筋，一般 30 ℃左右时面筋形成速度较快，因此，调制面团时，冬天与夏天要采取不同的方法和措施。

②面团中的含水量。由于面粉中的蛋白质吸水才能形成面筋，因此水是面筋形成的必要条件。面团中水分含量越高，面筋形成得越快；反之，面筋形成就越慢。

③面团放置时间。由于蛋白质吸水形成面筋需要一段时间，因此，面团调制后必须放置一段时间，以利于面筋的形成。

④外力作用。面团形成之后，为了加速面筋的形成，给面团一定的外力，会促进面筋的形成。因此，在调制面团时，一般以揉、搓、摔、搅等外力手段来促使面筋形成。

2.1.3 其他粉类

1）糯米粉

糯米粉（图 2.9）由糯米加工而成，又称江米粉。根据其加工方法不同，将糯米粉分为水磨糯米粉、辊磨糯米粉与超微粉碎糯米粉 3 类。其中，水磨糯米粉因柔软细滑、性黏、色白、香糯等特性而深受点心制作者的喜爱。

水磨糯米粉在广东点心制作中应用广泛，能用蒸、煮、煎、炸等不同的加温方法，制作出各式各样、丰富多彩的点心。如各种年糕、汤圆、香煎棋子饼、煎薄撑、香麻炸软枣、糯米糍、咸水角、空心煎堆等品种都是利用糯米粉为主料进行制作的。

优质糯米粉的质量标准：色泽洁白，无发霉变质的现象，无异味。用优质糯米粉制作的产品口味嫩滑、细韧、不碜牙。

图 2.9　糯米粉

图 2.10　粘米粉

2）粘米粉

粘米粉（图 2.10）由籼米加工而成。粘米粉是各种米粉中糯性最低的。粘米粉的色泽微微带点灰白，质地细滑、柔弱。

粘米粉一般用来制作发酵糕制品和不疏松类的糕品，如松糕、发糕、伦教糕、萝卜糕、芋头糕、水晶糕等。

3）澄面

澄面又称澄粉、小麦淀粉（图2.11）。澄面由面粉加工洗出面筋，然后将洗过面筋的水分经过沉淀、滤干，将沉淀的粉沥干水、干燥、研细而成。

澄面色泽洁白，粉质细滑。澄面的主要特点是：与水加温成熟后呈半透明体，并且软滑带爽，适宜制作一些可以看得见馅心的点心，如虾饺皮、晶饼皮、粉果皮等。

图2.11　澄面

4）粟粉

图2.12　粟粉

粟粉又称玉米淀粉、玉米面、玉蜀黍粉等（图2.12），由玉米去皮后经磨制而成。玉米一般有黄、白、黑3个品种。白色的玉米黏性较好，其特点是粉质细滑，色泽洁白中透着微黄，吸水性较强，加温糊化后易于凝结，完全冷却时变成爽滑、无韧性、有些弹性的凝固体。

粟粉在点心制作方面应用比较广泛，如配合面粉制作一些发酵类点心，配合粘米粉制作一些蒸糕品。粟粉本身经过烫制也可以单独制作一些比较有脆性的点心，并且还可以作勾芡之用。

5）可可粉

可可粉（图2.13）由可可豆加工而成。可可豆经过干燥、烘炒、碾碎、研磨、过滤等一系列的处理过程，成为一种棕褐色的极细粉末。可可粉富含维生素A、维生素B和其他营养成分，并含有易于人体吸收的蛋白质、脂肪和磷等。

可可粉味道香浓，粉质细滑，富含天然色素，在点心制作中有着比较广泛的应用。比如，可以用可可粉制作多层马蹄糕、多色鸡蛋卷，以及

图2.14　糕粉

将可可粉用于各种点心的调色等。因此，可可粉在点心制作中既是一种天然的香料，又是一种天然的色素。

6）糕粉

糕粉又称加工粉、潮州粉（图2.14），是用熟的糯米加工而成的。糕粉的特点是：粉粒松散，色泽洁白，吸水力大，遇水即黏结成有韧性的团状。糕粉在点心制品中常用作馅料辅助料，制作月饼馅、酥饼馅、老婆饼馅等，食之软滑带黏。当然，糕粉本身也可以制作一些点心的皮料，如冰皮月饼皮、水

图2.13　可可粉

糕皮等。

7）生粉

图 2.15　生粉

生粉（图 2.15）原是用绿豆加工而成的，经过加温，其黏性、韧性极强。目前，点心市场使用的主要是马铃薯淀粉，在点心制作中常配合澄面制作，以达到增加韧性的作用，如虾饺皮、晶饼皮、粉果皮等。生粉也常用于制作点心的上浆、上干粉、勾芡等。

8）马蹄粉

马蹄粉（图 2.16）是用马蹄加工而成的，马蹄又称荸荠。马蹄粉粒粗，夹有大小不等的菱形，赤白色。马蹄粉受水量极大，制作点心时，通常 1000 克马蹄粉可以加水 6000 克左右，并且其加温后显得透明，成品食之爽滑性脆。马蹄粉在点心制作中，常用于制作马蹄糕、九层糕、芝麻糕、橙汁拉皮卷和一些夏季的糕品等。

图 2.16　马蹄粉

图 2.17　吉士粉

9）吉士粉

吉士粉（图 2.17）是在淀粉中加入一定比例的香料和橙色素进行配比制成的。吉士粉色泽橙黄，在点心中常用作增色剂和增香剂。

任务2　认识蛋、糖、油乳类

2.2.1　蛋与蛋制品

蛋与蛋制品是生产广东点心的重要辅料之一。蛋与蛋制品除了本身营养价值较高外，在改善制品的色、香、味、形以及生产工艺方面有着较大的作用。一般来说，经常使用的蛋与蛋制品有鲜鸡蛋、皮蛋、咸蛋、蛋粉等。

1）鲜鸡蛋

鲜鸡蛋的密度大于水，蛋白呈弱碱性。鲜鸡蛋营养丰富，含有人体必需的氨基酸。鲜鸡蛋由蛋壳、蛋白、蛋黄等部分构成（图 2.18）。各构成部分的比例，因产蛋季节、鸡的品种、饲养条件、鸡蛋的大小等不同而有所不同。一般来说，蛋壳占10%左右，蛋黄占30%左右，蛋白占60%左右。另外，蛋液中固形物的含量约25%，水分约75%。

鸡蛋中的蛋白对热极敏感，受热62 ℃以上便凝结变性。利用此原理，经常用于制作蛋挞馅、炖布甸等产品。

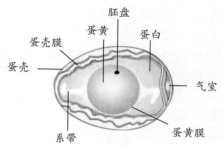

图2.18　鸡蛋结构图

在加温的点心表面涂上一层蛋液，经烘焙后呈漂亮的红褐色，这是羰氨反应引起的褐变作用，即美拉德反应。配方中有蛋品加入的点心成熟后具有特殊的蛋香味。

2）皮蛋

皮蛋（图2.19）又称松花蛋、变蛋、碱蛋或泥蛋，它是利用碱的作用使蛋白凝固。目前，我国生产的皮蛋主要有糖心的和硬心的两种。在广东点心制作中，皮蛋常用于馅料及皮蛋粥的制作，如皮蛋酥中的皮蛋馅、皮蛋瘦肉粥等。

图2.19　皮蛋

图2.20　咸蛋

3）咸蛋

咸蛋（图2.20）又称腌蛋、盐蛋、味蛋，主要是利用盐可以使蛋黄中的蛋白质凝固的原理使蛋黄中的脂肪集中于中间，从而形成油润的蛋黄。咸蛋在广东点心制作中，常用于制作馅料，如咸蛋馅等，也可单独充斥于广东点心中做馅，如中秋蛋黄月饼、咸蛋酥等。

4）蛋粉

蛋粉（图2.21）是蛋液经过喷雾干燥制成的一种粉状物质。市场上出售的有蛋黄

A. 蛋白粉

B. 蛋黄粉

C. 全蛋粉

图2.21　蛋粉

粉、蛋白粉和全蛋粉等。蛋粉与鲜鸡蛋相比，其优点是：有较长的储存期，并且在卫生方面比较好。目前，利用蛋粉制作蛋糕的技术越来越先进。在制作中，只需按一定的比例加入水便如同新鲜鸡蛋制作的效果。另外，蛋粉在广东点心制作中可以起到酥化的作用。如在制作萨其马时加入蛋粉可以使制品含口即化，酥松可口。

2.2.2 糖 类

糖类是广东点心制作中一种重要的辅助原料。糖类是广东点心制品甜味的主要来源。糖类对改善广东点心制品的色、香、味、形，调节面筋的胀润度，供给酵母营养，调节发酵速度，提高制成品营养价值等方面均有着重要的作用。广东点心制作中经常使用的糖类品种有白砂糖、绵白糖、片糖、饴糖、蜂蜜、转化糖浆等。

1）白砂糖

图 2.22　白砂糖

白砂糖（图 2.22）为精制砂糖，简称砂糖。白砂糖是广东点心制作中使用最广泛的糖。白砂糖是从甘蔗或甜菜中提取出来的，其纯度很高，蔗糖含量在 99% 以上。白砂糖为粒状晶体，根据晶粒大小可以分为粗砂糖、中砂糖和细砂糖 3 种。

优质白砂糖的质量标准是：晶粒整齐，颜色洁白，干燥，无杂质，无异味，其水溶液味甜，溶解于水中能够成为清澈的水溶液。

2）绵白糖

绵白糖又称白糖粉。绵白糖色泽洁白，品质纯净，晶粒细小均匀，质地细软，味甜，入口即化，为糖中佳品。在广东点心制作中，绵白糖多用于制作一些水分含量少且要求具有一定的甜度的产品，如拿酥皮、松酥皮等。绵白糖也可以作为一些制品表面以增加制品的甜味并起到装饰的作用。

3）片糖

片糖（图 2.23）属于土制糖，又称黄糖、青糖。

图 2.23　片糖

片糖由甘蔗汁提炼制成。片糖为纯天然糖品，有红片糖和黄片糖之分，具体色泽有棕黄色、红褐色和茶色。在广东点心制作中，片糖一般用于一些需要调焦糖色的产品，如年糕、马蹄糕、松糕等。

4）饴糖

图 2.24　饴糖

饴糖（图 2.24）又称糖稀、麦芽糖。一般以谷物为原料，利用淀粉酶或大麦芽，把淀粉水解为糊精、麦芽糖及少量葡萄糖制成。饴糖色泽淡黄、透明，能代替蔗糖使用。一般以碎大米制作的饴糖质地纯滑，色泽纯正，质量好。

5）蜂蜜

蜂蜜的主要成分为转化糖。蜂蜜除了含有蔗糖、果糖、葡萄糖外，还含有少量蛋白质、有机酸、矿物质及多种维生素。蜂蜜具有较高的营养价值。在广东点心制作中，除了起到上色作用外，还会赋予广东点心制品特殊的风味。

6）转化糖浆

蔗糖和水在酸和热的作用下能水解成葡萄糖与果糖，这种变化称为转化。转化后的水溶液称为转化糖浆。正常的转化糖浆应为澄清的浅黄色溶液，其含糖的浓度一般为75%～83%，即在进行转化糖浆制作时，能以此来控制糖水的浓稠度与制作加温的时间。转化糖浆应随用随配，不宜长时间储放。在广东点心制作中，常用于馅料及部分酥点皮料的制作，如椰挞馅、中秋月饼皮、面包蛋糕表皮的光亮油制作等。

2.2.3　油　脂

油脂是制作广东点心的重要原料之一，在一些广东点心制品（如酥点、牛油戟）中的用量高达50%以上。油脂在广东点心制作中不仅能改善制品的色、香、味、形及组织结构，而且还可以提高制品的营养价值。广东点心制作中，常用的油脂有植物油、动物油、人造奶油、起酥油等。

1）植物油

植物油是从一些植物的种子、果皮、果肉中提取出来的油脂，常温下一般呈液态。广东点心制作中常用的植物油有芝麻油、花生油、色拉油、大豆油、葵花籽油、菜籽油、椰子油、玉米油、棕榈油等，它们在广东点心制作中主要用作煎、炸点心的加热介质，也可用于馅料及皮料的调制，以增加香味、风味与制品的营养价值。

（1）芝麻油

芝麻油由芝麻经压榨加工而成。芝麻油有小磨麻油和大槽油之分。其中，以小磨麻油香气醇厚，品质最佳。芝麻油中含有一种化学物质——芝麻酚。芝麻酚带有特殊的香气，并具有抗氧化作用，使芝麻油不易酸败。芝麻油在广东点心制作中一般用于各种生熟馅料的调味，也可用于皮料之中。

（2）菜籽油

菜籽油是油菜籽经压榨加工出来的油脂。因为菜籽油具有较强的腥味，所以在广东点心制作中一般使用菜籽色拉油，即菜籽油经过脱腥、脱臭、脱酸、脱涩、脱色，"五脱"处理后，成为色浅、腥味较淡的油脂。

（3）花生油

花生油是花生经压榨加工出来的油脂。因为花生油清澈、润滑、有光泽，具有浓厚的花生香味，并且在馅料中能够遮盖馅料中的腥味，所以在广东点心制作中运用得比较多。花生油还经常用于油炸类点心的加热介质。

（4）棕榈油

棕榈油是一种半固态油脂，其加工性能极好。在油炸广东点心制品时，由于其发

烟点高而经常成为油炸用油的首选。

（5）大豆油

大豆油中亚油酸含量高，不含胆固醇。大豆油是一种很好的营养食用油。大豆油的消化率高达95%，长期食用对人体动脉硬化具有预防作用。由于大豆油本身颜色较黄，有大豆油特有的豆腥味，因此在选用大豆油时，以大豆色拉油为宜。

2）动物油

图 2.25 猪油

广东点心制作中使用最多的动物油是猪油和黄油。

（1）猪油

猪油（图 2.25）是从猪的内脏及腹部、背部等皮下组织中提取的脂肪。猪油色泽洁白，可塑性强，起酥性好，常温下为白色固体。在广东点心制作中，猪油多用于各种馅料的拌制，并起到增加滑口度，以及润滑、酥松的作用。

（2）黄油

黄油（图 2.26）是以牛乳脂肪为主要成分的油脂。黄油具有特殊的芳香和较高的营养价值，其乳化性、充气性强，稳定性好，充气后一般置于冰柜中保存。在广东点心制作中，黄油常用于制作较为高级的广东点心制品，也用于装饰。

图 2.26 黄油

（3）人造奶油

图 2.27 人造奶油

人造奶油（图 2.27）又称人造黄油、起酥油等。由于人造奶油的成分中添加了香料、乳化剂、色素、氢化植物油等，因此其乳化性及起酥性比猪油和奶油好。在广东点心制作中，人造奶油常用于层酥类点心的制作，如岭南酥皮、明酥类产品等。

2.2.4 乳与乳制品

因为乳与乳制品中含有大量的蛋白质和脂肪，极易被人体消化吸收，具有很高的营养价值，所以经常用于提高广东点心的营养价值，改善制品的色、香、味、形和面团的加工性能。乳与乳制品在广东点心制作中还可以起到延缓制品老化，使产品组织细腻、质地弹性强，帮助产品上色等作用。广东点心制作中常用的乳品有鲜牛乳、甜炼乳、植脂淡奶、乳粉、乳酪等。

1）鲜牛乳

正常的鲜牛乳为乳白色或白中带浅黄色，具有天然的乳香味，微甜。鲜牛乳的主要成分是水，含量约85%，密度为1.032，比水略重。由于鲜牛乳的蛋白质含量较高，乳脂肪易于消化吸收，并含有多种维生素和矿物质，因此鲜牛乳的营养价值很高。在广东点心制作中，鲜牛乳常用于馅料及部分皮料的制作，如蛋挞馅、奶糕皮等。

2）乳粉

乳粉是以鲜乳为原料，经浓缩后喷雾干燥制成的。乳粉包括全脂乳粉和脱脂乳粉两大类。在广东点心制作中，乳粉常用于改善口味、增加制品色泽、改善面团组织结构及增加松软度。

3）炼乳

炼乳（图2.28），也称炼奶，分为甜炼乳与淡炼乳。甜炼乳是在牛乳中加入15%～16%的蔗糖，然后将水分蒸发至原体积的40%的产物。炼乳在广东点心制作中常用于一些馅料及皮料的调色、增白。

4）植脂淡奶

植脂淡奶（图2.29）是将鲜牛乳中的奶油提取出来后，以植物的脂肪（如棕榈油）代替奶油制成的一种不饱和脂肪酸含量较高的加工奶制品。在广东点心制作中，植脂淡奶常用于制作馅料如蛋挞馅等和皮料的调味与调色。

5）乳酪

乳酪（图2.30）又名芝士，是将原料乳凝集成块，再将凝块进行加工、成形和发酵制成的一种乳制品。乳酪的营养价值很高，其中含有丰富的蛋白质、脂肪、钙、磷、硫及丰富的维生素。因此，在广东点心制作中，乳酪常用于高档制品的制作，如芝士蛋糕、高档甜馅料等。

图2.28 炼乳

图2.29 植脂淡奶

图2.30 乳酪

任务3 认识肉类、水产类

2.3.1 肉及肉制品

1）肉的物理性质

动物被屠宰后，体内机能活动并未完全丧失，还会发生一系列的物理变化和化学

17

变化，一般会经历如下变化过程。

（1）尸僵

刚屠宰的热鲜肉柔软而富有弹性，经过一段时间后，关节失去活动性，肉弹性下降变得粗老坚硬，这一过程称为尸僵。肉尸僵时，肉质粗老坚硬，保水性低，嫩度差，缺乏风味，此时的肉不适合制作点心馅料。

（2）成熟

肉类经过继续储藏，僵直情况会缓解，肉重新变软，保水性略有增加，风味提高。这一过程称为肉的成熟。成熟的肉吃起来柔软、味美。

（3）腐败变质

肉成熟之后的一段时间，肉质还会发生一些变化，肌肉组织中的蛋白质在组织酶的作用下，分解生成水溶性的蛋白肽和氨基酸继而完成肉的成熟。如果成熟继续进行，分解进一步进行，则会发生蛋白质的腐败。同时，脂肪的酸败和糖的酵解，产生对人体有害的物质，此时的肉容易滋生细菌，从而导致品质下降，品质劣化和腐败，这一阶段称为肉的腐败变质。

2）肉类的化学组成及性质

肉类的化学成分主要包括蛋白质、脂肪、碳水化合物、维生素、矿物质、水等。这些成分均受动物的种类、性别、年龄、饲料、营养状态及动物身体部位而有所变动。并且由于屠宰后肌肉内部酶的作用，对其成分也有一定的影响。肉类的性质可以从以下几个方面进行描述。

（1）肉的颜色

肉的颜色会随着动物的年龄、种类、部位等不同而有所不同。一般来说，猪肉为鲜红色或淡红色，牛肉为鲜红色或紫红色，马肉为紫红色，羊肉为浅红色，兔肉为粉红色。老龄动物的肉色较深，幼龄动物的肉色较浅，在生前活动量较大的部位肉的颜色会比较深。而且，时间同样会影响肉的颜色，如屠宰后肌肉在储藏加工的过程中，颜色会发生各种变化，一般刚刚宰后的肉为深红色，经过一段时间变为鲜红色，时间再长变为褐色。

（2）肉的味质

肉的味质又称肉的风味，是指生鲜肉的气味和加热后肉制品的香气和滋味。肉的味质是肉中固有的成分经过复杂的生物化学变化，产生各种有机化合物所致。一般来说，鲜肉均有其特有的气味，如生牛肉、猪肉没有特殊气味，羊肉有膻味，狗肉、鱼肉有腥味，性成熟的公畜有特殊的腺体分泌物的气味等。肉水煮加热后产生强烈的肉香味，主要由低级脂肪酸、氨基酸及含氮浸出物等化合物产生。

除了固有气味，肉腐败、蛋白质和脂肪分解，则产生臭味、酸败味、苦涩味等。

（3）肉的韧度和嫩度

肉的老嫩是肉品质的重要指标，影响肉嫩度的因素很多，除了与遗传因子有关外，主要取决于肌肉纤维的结构和粗细、结缔组织的含量及构成、热加工和肉的 pH 值等。

肉的柔软性取决于动物的种类、年龄、性别及肌肉组织中结缔组织的数量和结构形态。如猪肉比牛肉柔软，嫩度高；阉畜由于性特征不发达，其肉较嫩；幼畜由于肌纤维细胞含水分多，结缔组织少，肉质脆嫩。

加热可以改善肉的嫩度，大部分肉经加热蒸煮后，肉的嫩度均有很大改善，并且肉的品质也发生较大变化。另外，宰后的鲜肉经过成熟，其肉质可变得柔软多汁，嫩度明显增加。

（4）肉的保水性

肉的保水性是指肉在压榨、切碎、搅拌时能够保持水分的能力，或在向其中添加水时的水合能力。这种特性对肉品加工的质量有很大影响。如在点心制作中的牛肉烧卖、鲮鱼球、点心的荤馅料，均要求有一定的保水性能。因为水分可以增加成品的嫩度和湿度，可以使点心更加美味可口，所以在选用肉类时，一定要结合肉的各项性质来选取较好的肉品，以保证所做点心的品质及口感。

（5）肉的吸水性

肉的吸水性是指在制作一些肉馅类制品时，将动物性原料肌肉组织经粉碎性排剁、刀背砸、木槌敲打等加工成蓉泥后，为了达到鲜嫩、滑爽、质感细腻的特点，向已打起胶的肉蓉中加入适量的水，一般肉料在打起胶的过程中加入水，吸水能力会受到温度、机械强度、粗细度等因素的影响，如温度为 $2 \sim 6\ ℃$ 时吸水性最好。

3）广东点心制作常用的肉及肉制品

（1）猪肉

猪肉是广东点心制作用得最多的肉类之一，许多点心如生肉包、干蒸烧卖、粉果、芫荽饺、咸水角、芋角等，其馅料均以猪肉为主料，而猪肉的质量是决定点心馅料口感的主要因素。因此，挑选优质的猪肉对于点心的质量尤为重要。下面简单介绍几种猪肉的鉴别方法。

①优质的猪肉。优质的猪肉呈淡红色，有光泽，切断面稍湿、不黏手，肉汁透明，在表面有一层微干或微湿的外膜；质地紧密且富有弹性，用手指按压后弹性良好；在气味方面具有鲜猪肉正常的气味；皮脂肪呈白色，有光泽，有时呈肌红色，柔软而富有弹性；若将其用水煮制，则肉汤透明、芳香，汤表面聚集大量油滴，油脂的气味和滋味鲜美。

②注水的猪肉。注水的猪肉其瘦肉呈淡红色并带白色，有光泽，有水从肉中慢慢渗出。如果注水过多，水会从瘦肉往下滴，如果瘦肉不黏手，则可能为注水肉。食用注水猪肉危害较大，因为猪肉一旦被注水，风味会很快变差，容易腐败变质，严重的还会导致食物中毒。

③病死猪肉、米猪肉和母猪肉。病死猪肉的肉皮上一般会有大小不一的红色出血点，肌肉和脂肪部分也会有小的出血点。如病死的猪肉用清水浸泡后看起来发白，外观上没有出血点，但切开后脂肪、肌肉部分仍会有出血点。米猪肉是指患囊虫病病死的猪肉，一般肉色不鲜亮，肥肉、瘦肉、五脏和其他器官上都或多或少

有米粒状的囊包。如果肉切面上有石榴籽一般大小的水泡，那就怀疑是囊虫包，这种肉对人体危害较大，不能食用。母猪肉因为味道不鲜并有腥臊味，如果用其制作点心馅料，会严重影响馅料的质量与风味。一般来说，母猪肉的肉皮比较粗糙而且皮厚，多皱褶，毛囊粗，与瘦肉结合不紧密，分层明显，手触有粗糙感。母猪肉的肉色暗红，纹路粗乱，水分少，用手按压无弹性，也无黏性。母猪肉的脂肪看上去非常松弛，呈灰白色，手摸时手指上沾的油脂少，而正常猪肉的脂肪手摸时手指沾的油脂多。

（2）牛肉

牛肉在广东点心制作中一般用于制作牛肉丸、咖喱牛肉馅、牛肉滑肠粉等品种。牛肉馅料的优点是爽口、韧性强、营养价值高。牛肉馅料的缺点是牛肉本身具有一定的腥臊味，在制作馅料时一般要经过去腥处理，如加入酒、姜、陈皮等。牛肉的质量鉴定标准为：质好的色泽鲜红（如果是老牛肉一般呈紫红色），有光泽，脂肪洁白或呈乳黄色，弹性良好，用手指按压后能立即恢复原状，具有牛肉特有的土腥味，表面微干或有风干膜，触摸时不黏手。如果将其用水煮制，则肉汤汁澄清透明，脂肪团聚浮于表面，具备特有的香味；质差的则与之相反。

（3）鸡脯肉

鸡脯肉一般用于个别馅料之中，如滑鸡包馅、三丝馅等。购买时，一般以冻肉的形式出售，其质量鉴别一般从色泽、气味、手感等方面进行。质好的呈淡黄色、淡红色和灰白色，肌肉切面有光泽，有纯正的鸡肉特有的味道，用手按压有较好的弹性。

（4）腊肠、腊肉

腊肠、腊肉（图2.31）主要以猪肉为原料，经过腌制、日晒或烘干等工序生成的一种肉制品。此类肉制品在广东点心制作中多用于馅料中，也可用于装饰与调节口感，如腊肠卷。

A. 腊肠   B. 腊肉

图 2.31　腊肠、腊肉

2.3.2 水产类

1）虾

广东点心制作中一般使用新鲜或冻鲜的明虾（图2.32），也称对虾，即将新鲜的虾剥壳后马上速冻、包装。虾的质量鉴别标准为：质好的，要求头尾完整，身略挺，肉质结实、细嫩，并略微弯曲，表中带绿色或青白色，虾壳发亮；质差的，头尾易脱落或已脱落，肉质松而软，且身较弯曲，呈红色或灰紫色，皮壳暗淡无光泽。

图2.32　明虾

2）蟹

选蟹要鲜活，因为蟹死后很快会发臭。质好的蟹，肉质结实，肚部色白，质差的肉质松软。蟹的加工方法为：先将蟹从脐部中线斩开（不要斩歪，否则脱爪），然后将蟹翻转，螯向内，用刀压着，再将螯退去，压着爪将盖除去，用斜刀削去盖旁的硬壳边，去掉盖内的胆和内鳃、扑尖，接着将蟹洗净，蒸约20分钟，蟹螯转红便熟。拆蟹肉的方法是：先将蒸熟的蟹退去螯和爪（退爪2/5，剩3/5附于蟹身，使爪肉易拆），平握刀将爪压破，剔出肉，再用刀将蟹身上的钉退去（不去钉则肉退不净，并不显出肉纹），然后用刀顺着蟹身肉纹将肉剔出，将螯开成两截，接着用刀轻轻拍硬壳将肉取出，如要酿螯，则取螯肉时，要保留螯下钳和蟹夹。

蟹的保养：每日将250克精盐溶于水中做成5千克的淡盐水，早、中、晚各将蟹淋洗1次，忌肥腻，天冷时，蟹笼的表面要用草席或麻袋盖着保暖，并预防蟹打架脱螯。

任务4　认识海味、干货、鲜干蔬果类

2.4.1　干货及蔬菜

在广东点心馅料制作中，干货和蔬菜也是经常用到的原料。根据目前市场面点行业的季节、地域等不同，品种也有较大的差异。这里仅介绍最常用的干货及蔬菜类产品。

1）香菇

香菇（图2.33）属于菌类植物，其形状如伞，根据其质地、色泽、厚薄的不同通常将其分为花菇、冬菇、香信等。肉质肥厚、柄短、表面有花纹的称花菇；伞肉肥厚、柄短、表面无花纹的称冬菇；肉质较薄、柄长的称香信。其中，花菇是三者之中质量最好的产品。香菇以其味香、爽口、营养丰富的特点经常被用于点心馅料的制作中。

A. 花菇

B. 冬菇

C. 香信

图2.33　香菇

2）五仁

五仁是指点心五仁馅的制作，包括榄仁、核桃仁、杏仁、瓜子仁、芝麻仁等。目前，已有食品原料加工厂家直接加工生产各式各样的五仁馅供面点制作企业选购使用。

3）莲子

莲子由莲花的籽干制而成。按产区的不同，莲子可分为湘莲、湖莲、建莲等品种；按色泽的不同，又分为红莲与白莲等。莲子主要用于莲蓉馅的制作，目前面点行业内一般直接购进厂家生产的红、白莲蓉馅。

4）虾米

虾米（图2.34）以其色泽鲜明、味香、营养丰富的特点在广东点心制作中常被用于炒制馅料类增加香气。虾米还可以起到点缀的作用。虾米以色蜡黄或赤红色、明亮、肉身完整、无皮屑、不含杂质、气味清香、味鲜可口为优质，在使用时只需洗干净，用清水浸10～20分钟即可使用。

图2.34　虾米

图2.35　马蹄

5）马蹄

马蹄（图2.35）又称荸荠，其特点是清甜爽口，渣少汁多，熟后依然保持爽口状态。马蹄常用于馅料之中，起到增加爽口度的作用。

6）沙葛

沙葛（图2.36）又名地瓜，表皮呈黄褐色，内心呈白色，质地爽口，口感清甜。沙葛在馅料中的作用与马蹄相似，具有增加爽口度的作用。

图2.36　沙葛

图2.37　鲜笋

7）鲜笋

鲜笋（图2.37）是竹的芽或嫩鞭，故也称竹笋，主要生长于热带、亚热带和温带地区。笋在我国主要产于珠江流域和长江流域等地，一般上市期为5—10月。鲜笋一般呈锥形，外壳青黄色，带有茸毛，肉白中带淡黄色。为便于保存和使用，通常将鲜笋经加工处理成罐头笋，效果和鲜笋一样。罐头笋味道带酸，鲜度稍差，通常要用枧水沸水煮过，去除酸味后，方可食用。笋在点心中常用于拌馅，其目的是增加馅的风味和爽度，将笋的消渴、利尿、益气、化痰清肺的作用带入馅中。

8）甘笋

甘笋俗称红萝卜，分长根种和短根种两种。长根种为长棒形、圆筒形或圆锥形，短根种为近球形或椭圆形，其表皮有橘红色和黄色两种，肉质呈橙红、橘红、红褐色等。甘笋在我国湖北、浙江、安徽、江苏、山东、云南、广东等地生产较多。

甘笋含有丰富的蛋白质、脂肪、碳水化合物、钙、磷、铁等营养成分。甘笋还含有丰富的胡萝卜素，具有味甘、性平、健胃、化滞、消食、润肠的特点，在点心制作中常用于拌馅及点缀。

9）韭菜

韭菜又称起阳草。韭菜有宽叶和窄叶两种。宽叶的质地柔嫩，色翠绿，辛辣味较淡；窄叶的色翠绿，纤维多，辛辣味浓。韭菜也可以经遮光软化成韭黄。韭黄呈淡黄色，味鲜嫩香美，大多用于点心拌制馅料。

韭菜含有蛋白质、脂肪、维生素、矿物质、挥发油等，具有增加香味、健胃提神、温中、补气、散血、解毒的作用。

10）葱

葱为广东点心制作中常用的香料。葱的形态为上叶下头，叶内呈空心。葱的头为白色或红褐色，可分为大头葱和细头葱两种。大头葱主要是叶细、葱头大，常用作拌馅。细头葱为叶大、葱头小，宜用作点心拌馅及点缀。

葱味辛辣，性温和，带刺激味，具有发汗解表、散寒通阳、解毒散结的功效。

11）萝卜

萝卜又名莱菔，形为圆锥形、圆球形、近球形、圆柱形等萝卜表皮色白，肉嫩脆，水分多，常用来制作糕点及拌馅。

萝卜全国各地均有分布，其味辛甘，性凉，具有宽中下气、消食化痰的功效。

12）芋头

芋头（图2.38）又称芋芳，有圆形、椭圆形、圆筒形几种。芋头表皮呈黄褐色或黑棕色，内心呈白色或奶白色，其中带红丝，淀粉含量较多。槟榔芋较有名，可用于拌馅和植物皮类点心的制作。

芋头味甘辛，性凉，具有消病散热等功效。

图2.38　芋头

13）马铃薯

马铃薯又名土豆，有球形、扁圆形、椭圆形、卵形、长筒形等。马铃薯的表皮有白、黄、红3种，肉色有黄肉种和白肉种两种。在广东点心制作中，马铃薯常用于制作植物皮类点心。马铃薯主要产于四川、云南、广东、贵州、黑龙江、吉林、辽宁省等地。马铃薯味甘、性平，具有和胃调中、健脾益气等功效。

需要注意的是：发芽的马铃薯不宜食用，否则易引起腹胀、恶心、头痛等中毒现象。

14）番薯

番薯有纺锤形、圆筒形、椭圆形、球形和块形等，表皮有白、淡黄、黄、黄褐、红、淡红等，肉色分白黄、黄、淡黄、杏黄、橘红、紫红等，常用于制作植物皮类点心。

番薯味甘、性平、无毒，具有补中和血、暖胃益气等作用。

15）南瓜

南瓜又名番瓜、金瓜，有长形、圆扁形、球形、纺锤形几种。南瓜表皮有黄色、绿色或绿中带黄等，内心呈黄色，常用于制作植物皮类点心。

南瓜味甘、性温和，具有补中益气、解毒止痛等作用。

2.4.2 水　果

广东点心制作所用的水果，一般为罐头水果。因为罐头水果使用方便，不受季节的限制，但也有新鲜水果，如草莓、火龙果、奇异果、哈密瓜、荔枝、苹果、山竹、杨桃等。

1）新鲜水果

新鲜水果价格便宜，且未经加工，可以保持原来的色、香、味及本身的光泽，顾客也较为喜欢。使用前，均应经过简单的处理，有的需要去核、去皮等。使用时要注意卫生，用水冲洗干净，以免带有农药残留或细菌等影响人体健康。必要时，可以用沸水冲一下。但有些水果切开后会很快变色，可以用盐水泡一下，这样可以避免氧化变色。但是新鲜水果有时会受季节限制，不能随时购买到，这样会给广东点心制作带来不便。

2）罐头水果

因为罐头水果不受季节限制，随时都能购买到，也比较容易保管，其品种颜色多样，所以应用最多，同时，罐头内的糖水具有一定的浓度，还有一定的酸度，可用于去馅料调味及芡汁制作，不会浪费。常用的罐头水果有以下几种。

（1）菠萝罐头

菠萝又称凤梨、黄梨，营养丰富，口味好，果肉呈浅黄色，形状为圆形片状，且每片的大小、厚薄均匀，方便摆放和装饰。其罐头是按全圆片、旋片、半片、扇片、碎块等规格分装。

（2）橘子罐头

橘子罐头的成品呈肾形，色泽橙黄，鲜艳美观，酸甜适度，香味良好，每瓣大小基本相同，多用于表面装饰。

（3）黄桃罐头

黄桃罐头的成品为黄色，圆形，断面呈弧形，味道香甜，肉质柔软，入口爽滑，使用时可以按装饰设计的要求，切成所需要的形状再摆放。若开罐后发现桃片变色，可弃之不用。

（4）樱桃罐头

樱桃外形接近圆形，有红和绿两种颜色。装罐时又分为有梗和无梗两种，味道较甜，酸味少，最适合装饰。

（5）草莓罐头

草莓也可用于产品装饰。草莓的形状与圆锥形相似，外表细小如针眼般的凹眼，颜色鲜红，果肉中间有白心，味道极其鲜美，清甜，装饰时可用全粒或纵向对半切开均可。

（6）荔枝罐头

荔枝罐头的成品为白色肉，入口嫩脆，味道微酸，香气浓郁。

除此以外，其他可用的罐头水果有杨梅、龙眼、猕猴桃、柠檬等。

任务5　认识常用化学原料与酵母

2.5.1　常用化学原料

1）泡打粉

泡打粉（图2.39）又称发酵粉、发粉、焙粉，是根据酸碱中和反应的原理制成的一种复合型化学原料。泡打粉分为快速泡打粉、慢速泡打粉与复合型泡打粉3类。

（1）快速泡打粉

快速泡打粉在常温下发生中和反应释放出大部分二氧化碳气体。由于快速泡打粉释放气体的速度太快，因此在广东点心制作中一般不经常使用。

（2）慢速泡打粉

由于慢速泡打粉在常温下很少释放出气体，主要在加温后才逐渐产生气体，因此很少单独使用。

图2.39　泡打粉

（3）复合型泡打粉

复合型泡打粉在常温下释放1/5～1/3的气体，剩余的气体则在加温时全部释放。此类泡打粉是广东点心制作中经常选用的泡打粉。

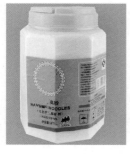

图 2.40　溴粉

2）溴粉

溴粉（图 2.40）的化学名为碳酸氢铵。碳酸氢铵在工业上用作化肥的生产，在食品制作上用纯净的结晶体。溴粉是一种白色结晶，对热不稳定，在较低的温度下便可分解产生二氧化碳气体和氨气，有氨溴味，吸湿性强，易溶于水。在广东点心制作中有松软、降低面筋筋力及增白的作用。由于其气体在产生时的力度是横向的，因此针对一些如合桃酥、油条等产品特别适用。

3）食粉

食粉（图 2.41）又称小苏打、小起子，其化学名为碳酸氢钠。食粉是一种碱式盐，在广东点心制作中的作用机理是受热自身分解产生二氧化碳气体，使广东点心疏松。食粉在广东点心制作中还有增加脆性的作用。

图 2.41　食粉

图 2.42　枧水

4）枧水

枧水（图 2.42）是从木柴灰或香蕉头、茎等材料中提取出来的。枧水是一种微黄色的液体，质地平滑，具有一定的碱性。枧水在广东点心制作中使用比较方便，易于与原材料混合均匀。枧水的作用是中和酸性物质并产生部分二氧化碳气体，增加广东点心制品的脆硬度及弹性，在馅料制作中可以使肉粒变得更加爽滑。

2.5.2　酵　母

酵母（图 2.43）是制作发酵类产品的一种重要的生物膨松剂，主要运用于依仕皮、面包皮和小酵面皮之中。发面皮则是利用面粉中本身所含的天然酵母及自身酶的作用进行疏松的。

1）酵母的种类及其使用方法

酵母通常有以下 4 种。

图 2.43　酵母

（1）鲜酵母

鲜酵母又称压榨酵母。鲜酵母是酵母菌种在糖蜜等培养基中经过扩大培养和繁殖、分离、压榨而成。鲜酵母具有以下特点。

①活性不稳定，发酵力不高，一般在 600 ~ 800 毫升（产气的体积）。活性和发酵力随着储存时间的延长而降低。随着鲜酵母储存时间延长，需要增加其使用量，增加成本，这是鲜酵母的最大缺点。

②不易储存，需在 0 ~ 4 ℃的低温冰箱（柜）中储存，增加了设备投资和能源消耗。若在高温下（如夏季室温）储存，鲜酵母很容易腐败变质和自溶。低温下可储存 3 周左右。

③使用方便，但使用前一般需用温水活化。

（2）活性干酵母

活性干酵母是鲜酵母经低温干燥制成的颗粒酵母。活性干酵母具有以下特点。

①比鲜酵母更方便。

②活性稳定，发酵力很高，高达 1300 毫升（产气的体积）。因此，使用量也很稳定。

③不需要低温储存，可以在常温下储存 1 年左右。

④使用前需要用温水活化。

（3）即发活性干酵母

即发活性干酵母是近些年来发展起来的一种发酵速度很快的高活性新型干酵母。

即发活性干酵母与鲜酵母、活性干酵母相比，具有以下特点。

①采用真空密封包装，包装后很硬。如果包装袋变软，则说明包装不严，漏气。

②活性远远高于鲜酵母和活性干酵母，发酵力高。因此，在发酵类产品（如面包、依仕皮）制作中的使用量要比鲜酵母和活性干酵母少。

③活性特别稳定，在室温条件下密封包装储存可达两年左右，不需要低温储存。

④发酵速度很快，能大大缩短发酵时间，适合目前人们快生活节奏的要求。

⑤使用时不能直接与过热、过冷、高浓度糖溶液、高浓度盐溶液等高渗透压东西接触。这与即发活性干酵母的生活习性有很大关系。

（4）半干酵母

半干酵母是一种含水量 20% 的酵母。半干酵母既有鲜酵母的发酵风味好、活力强的特点，又有干酵母流动性好、适合称量和长保质期的优势。半干酵母与以上 3 种酵母相比，具有以下鲜明特点。

①活细胞率更高，减少对面筋的破坏，发酵风味好。

②与鲜酵母相比，保质期长，可以在 –18 ℃条件下保存，活力损失小，并且具有与干酵母一样的流动性，方便称量和使用。

③发酵速度很快，能大大缩短发酵时间，但保存要求较高。

④使用时，不能直接与过热、过冷、高浓度糖溶液、高浓度盐溶液等高渗透压东西接触。

2）酵母在发酵类产品中的作用

（1）生物膨松的作用

酵母在面团发酵中产生大量的二氧化碳气体。由于面筋网状组织结构的形成，气体被留在网状组织内，使面包疏松多孔，体积变大膨松。

（2）面筋扩展的作用

酵母发酵除了产生二氧化碳气体外，还有增加面筋扩展的作用，使酵母所产生的二氧化碳气体能保留在面团内，提高了面团保存气体的能力，如用化学疏松剂则无此作用。

（3）改善发酵类产品的风味

由于酵母在发酵时，会分解淀粉，产生酒精、二氧化碳和其他与发酵类产品风味有关的挥发性和不挥发性的化合物。这也是形成发酵类产品特有香味的来源之一。

（4）增加制品的营养价值

酵母的主要成分是蛋白质，在酵母体内，蛋白质含量几乎为一半，且必需氨基酸含量充足，尤其是谷物中较为缺乏的赖氨酸含量较多。同时，酵母中含有大量的B族维生素和烟酸，提高了面包制品的营养价值。

3）影响酵母活性的因素

（1）温度

酵母生长的适宜温度为 27 ~ 32 ℃，最适宜的温度为 27 ~ 28 ℃。因此，面团发酵时，发酵室温可控制在 30 ℃以下。在 27 ~ 28 ℃时，酵母大量增殖，为面团最后的醒发积累后劲。酵母的活性随着温度的升高而增强，面团内的产气量也大量增加。当面团温度达到 38 ℃时，产气量达到最高。因此，面团醒发时温度要控制在 38 ~ 40 ℃。温度太高，酵母衰老快，也容易产生杂菌。在 10 ℃以下，酵母活性几乎完全停止。故在面包生产中，不能用冷水直接与酵母接触，以免破坏酵母的活性。

（2）酸碱度

酵母适宜在酸性条件下生长，在碱性条件下其活性大大减小。一般面团的 pH 值控制在 5 ~ 6，pH 值低于 2 或高于 8，酵母活性都会受到抑制。

（3）渗透压

酵母细胞外围有一层半透性细胞膜，外界浓度的高低影响酵母细胞的活性。在面包面团中都含有较多的糖、盐等成分，均产生渗透压。渗透压过高，酵母体内的原生质和水分会渗出细胞膜，造成质壁分离，酵母无法维持正常生长直至死亡。糖在面团中的用量超过 6%（以面粉重量计）则对酵母活性具有抑制作用，低于 6% 则有促进发酵的作用。盐在面团中的用量超过 1%（以面粉重量计）时，即对酵母活性有明显的抑制作用。

（4）水

由于许多营养物质需要借助于水的介质作用而被酵母所吸收，因此，调制面团时，加水量较多、较软的面团，发酵速度较快。

（5）营养物质

影响酵母活性最重要的营养源是氮源。目前制作的发酵类产品中的营养物质均足以促进酵母繁殖、生长和发酵。

4）选购即发性活性干酵母时需要注意的问题

从使用方便的角度出发，目前发酵类产品制作中大多使用的酵母种类为即发性活性干酵母。在选购即发性活性干酵母时应注意如下几点。

（1）包装

购买时，首先要看包装是否严实。因为即发性活性干酵母是抽真空进行包装的，所以包装非常严实，用手摸起来硬度与石块一样。如果发现包装有松动或松软，则说明包装不严实，不要购买。

（2）商标

购买酵母时必须注意"高糖""低糖"的字样。因为在市场所出售的即发性活性干酵母种类中，根据其耐渗透压的不同分为耐高浓度糖溶液和耐低浓度糖溶液两种。"高糖"字样的是制作甜面包皮产品必须选用的；"低糖"字样的是用于不含糖或很少含糖的依仕皮、小酵面皮所使用的。因此，在购买时一定要看清，在包装上注明了"高糖"或"低糖"字样。以法国燕子牌酵母为例，"红燕"商标是代表耐低糖的，"黑燕"商标、金色包装的则是代表耐高糖的。

（3）生产日期

因为即发性活性干酵母的保质期一般为两年，所以购买时要看清生产日期，并且一次不能购买过多，要根据实际生产需要量而定。否则，大量买回后，放置时间太久，同样会降低效力甚至失去效力，造成原料的浪费。

认识广东点心生产的设备与工具

3.1.1 工作案台

　　工作案台（图 3.1）是指制作广东点心半成品的工作台，又称案台、案板。工作案台是广东点心制作的必要设备之一。根据案台材料的不同，目前，常见的有不锈钢案台、木质案台、大理石案台和塑料案台 4 种。

　　1）不锈钢案台

　　一般来说，不锈钢案台整体都是用不锈钢材料制成，表面不锈钢板材的厚度为 0.8 ~ 1.2 毫米，要求平整、光滑、没有凸凹现象。由于不锈钢案台美观大方、卫生清洁，台面平滑光亮，因此目前大多生产企业采用这种工作案台。

　　2）木质案台

　　木质案台的台面大多用 6 ~ 10 厘米厚的木板制成，底架一般有铁制的、木制的几种。台

图 3.1　工作案台

面的材料以枣木为最好，柳木次之。案台要求结实、牢固、平稳、表面平整、光滑、无缝。不锈钢案台为传统案台。

　　3）大理石案台

　　大理石案台的台面一般是用 4 厘米左右厚的大理石材料制成的。由于大理石台面较重，因此其底架要求特别结实、稳固、承重能力强。大理石案台比木质案台平整、

光滑，其散热性能好，抗腐蚀力强。

4）塑料案台

塑料案台质地柔软，抗腐蚀性强，不易损坏，加工制作各种制品都比较适宜，其质量优于木质案台。

3.1.2　蒸煮炉

在广东点心制作中，蒸煮灶是最常用的加温设备之一，根据蒸汽来源的不同可分为蒸汽型蒸煮炉和燃料型蒸煮炉两种类型。

1）蒸汽型蒸煮炉

蒸汽型蒸煮炉（图3.2）的蒸汽来源于锅炉，通常由进气管、控制阀、炉体和排水管等部位组成。蒸汽型蒸煮炉适合有蒸汽供应的大型酒店、饭店和食堂使用。

图3.2　蒸汽型蒸煮炉

2）燃料型蒸煮炉

图3.3　燃料型蒸煮炉

燃料型蒸煮炉（图3.3）是指以燃煤、煤气、柴油等为燃料，以适量大小的铁锅装七八成满的水，将其烧沸后进行产品蒸制或煮制操作的蒸煮炉。燃料型蒸煮炉具有燃烧完全、火力大、干净卫生等优点。目前，酒店、饭店、食堂、点心店经常使用的有煤气蒸煮炉和柴油蒸煮炉两种。

（1）煤气蒸煮炉

煤气蒸煮炉以煤气为燃料燃烧，将锅中的水烧沸，产生蒸汽，供蒸、煮广东点心使用。煤气蒸煮炉由炉体、进气管、控气阀、燃烧器、鼓风机及其控制阀等部件组成，使用时，可以根据调节控气阀和鼓风机控制阀来进行火力大小的调节。

（2）柴油蒸煮炉

柴油蒸煮炉是以柴油为燃料燃烧，将锅中的水烧沸、产生蒸汽，供蒸、煮广东点心制品使用。柴油蒸煮炉形式较为多样，主要由炉体、进油管、控油阀、燃烧器、鼓风机及其控制阀等部件组成，使用时，可以根据调节控气阀和鼓风机控制阀来进行火力大小的调节。

3.1.3　常用锅具

广东点心制作所用锅具（图3.4）的种类较多。按材质可以分为铁锅、铜锅、铝锅、不锈钢锅等；按形状可以分为圆柱形、半球形、平底形等；按用途可以分为炒锅、炸锅、

图 3.4　锅具

水锅、煎锅等。下面简单介绍几种最常用的锅具。

1）水锅

水锅主要用来煮制或蒸制广东点心，一般选用锅体较大的半球形铁锅，家庭制作或蒸、煮少量制品时也可以选用圆柱形的不锈钢锅或铝锅。

2）炒锅

炒锅多为半球形铁锅，锅体较小，主要用于炒制馅心或用于炸制广东点心制品。

3）平底锅

平底锅又称不粘锅，其锅底平坦，主要用于煎制一些体积较小的点心制品，在操作中容易对色泽的变化进行控制，如煎锅贴、煎马蹄糕、煎黄金糕、煎薄饼等。

3.1.4　蒸　笼

蒸笼（图 3.5）是广东点心蒸制加温的必备用具之一。根据材料的不同，蒸笼分为竹蒸笼、木蒸笼、铝蒸笼和不锈钢蒸笼等。根据加温设备设施的不同，蒸笼的规格大小也有所不同。蒸笼的形状大致有圆形、方形、长方形等。几种蒸笼相比较而言，竹蒸笼和木蒸笼具

图 3.5　蒸笼

有透气性好、蒸笼盖不聚结水珠等优点，在广东点心制作中使用较多。但其缺点是：易损耗，不易清洗。不锈钢蒸笼则因其使用方便、清洗容易越来越受到广东点心制作者的喜爱。

图 3.6　箱柜式烘炉

3.1.5　烘　炉

广东点心制作中，常用的烘炉有远红外烘炉、燃气烘炉等。

1）远红外烘炉

远红外烘炉是指利用远红外线辐射为加热方法的一种烤炉。远红外烘炉具有加热速度快、生产效率高、烘焙时间短、节能省电的优点。因此，远红外烘炉是目前我国使用最广泛的一类烤炉。远红外烘炉按生产规模的大小，其体积有所不同，根据体积大小的不同可分为隧道式烘炉、旋转式烘炉和箱

柜式烘炉。在广东点心制作中，由于生产量均不是特别大，因此一般采用箱柜式烘炉（图3.6）。箱柜式烘炉一般分为三层九盘式、三层六盘式、两层四盘式、一层一盘、二盘式等。

2）燃气烘炉

燃气烘炉是以液化气为燃料的一种烘烤加温装置。燃气烘炉一般采用比较先进的液晶电子仪表控温，炉内设计有隔层式的运气通道、常闭自动电磁阀、防泄漏的点火及报警装置。燃气烘炉首先解决了用电热式烘炉需要三相电的烦恼，使用非常方便。

3.1.6 发酵箱

发酵箱（图3.7）又称恒温箱，是广东点心制作发酵类产品的必用设备之一。发酵箱有单门和双门两种类型，具有可以自动调节温度和湿度的功能。针对一些大型速冻食品厂，一般建设温室来代替发酵箱使用。

图3.7 发酵箱

3.1.7 多功能搅拌机

多功能搅拌机（图3.8）是广东点心制作中最常用的基本设备之一。多功能搅拌机有立式、卧式两种，它是利用电机的高速转动带动搅拌工具。目前，广东点心制作企业一般选择使用较为方便的立式多功能搅拌机，此类搅拌机附有浆状、钩状和网状3种搅拌器。浆状搅拌器多用于搅拌奶油或用于广东点心馅料的搅拌，钩状搅拌器则适用于各种面团的搅拌，网状搅拌器则多用于蛋液、鲜奶油或蛋白等的打发。

图3.8 多功能搅拌机

图3.9 压面机

3.1.8 压面机

压面机（图3.9）又称滚压机，由机身架、电动机、传送带、滚轮、轴具调节器等部件构成。压面机的功能是将和好的面团通过压辊之间的间隙，压成所需厚度的皮料

（即各种面团卷、面皮），以便进一步加工。广东点心制作中，许多制品均需要压面机进行压片操作。

3.1.9　开酥机

开酥机（图3.10）是酥皮制作的主要设备，分为台式和立式两种。起酥机主要用于擀面，将折叠好的面团置于起酥机的传送带上，调节上下压轮间的间距，逐次擀至所需要的厚度。

图 3.10　开酥机

图 3.11　电动绞肉机

3.1.10　绞肉机

绞肉机由机架、传动部件、绞轴、绞刀、孔网栅等部件组成。绞肉机分为手动和电动两种，一般来说，广东点心制作中使用的是电动绞肉机（图3.11）。电动绞肉机的具体使用方法是：先将肉类去皮去骨后切成小块，由入口投进绞肉机中，启动机器后便可在孔格栅输出肉泥。绞出肉泥的粗细可由绞肉的次数决定。绞肉的次数越多，肉泥就越细。

3.1.11　冰柜（箱）

图 3.12　冰柜（箱）

冰柜（箱）（图3.12）是广东点心制作中必不可少的设备之一，许多原材料、馅料及半成品等均需要放在冰柜（箱）。冰柜（箱）按用途一般可分为冷藏柜和冷冻柜两种，按结构形式可分为立式和卧式两种。点心用冰柜一般为立式冰柜（箱），立式冰柜（箱）一般有单门、双门和多门几种类型。

3.1.12　刀　具

广东点心制作中经常会用到一些刀具，刀具的种类很多。广东点心制作中常用的刀具有刮刀、桑刀、拍皮刀、抹刀、蛋糕刀等。

1）刮刀

刮刀（图3.13）是一种无刃的刀具，有塑胶刮刀和不锈钢刮刀两种，主要用于面团的调制与分割以及案台的清理。

图3.13 刮刀

图3.14 桑刀

2）桑刀

桑刀（图3.14）有铁制和不锈钢两种类型。广东点心制作中常用铁制的桑刀，多用于馅料制作及产品造型的切割。

3）拍皮刀

拍皮刀（图3.15）是采用较为精细的不锈钢材料精制而成的一种不锈钢刀具。拍皮刀在广东点心制作中常用于拍制质地较薄的皮料如虾饺皮、粉果皮及酥皮面包上的酥皮等。

图3.15 拍皮刀

3.1.13 称量工具

目前，广东点心制作中通常使用台秤（图3.16）进行称量。常用的台秤有电子台秤和机械台秤，根据最大称重的不同有不同的类型，一般有电子台秤、机械台秤、厘秤等。

A. 电子台秤　　　　　　　B. 机械台秤　　　　　　　C. 厘秤

图3.16 各种类型的台秤

3.1.14 制皮工具

在广东点心加工包馅之前，一般要经过制皮的操作，制皮一般采用木制的专用工具进行操作。广东点心制作中，常用的制皮工具有酥棍、桶槌、面棍（图3.17）等。

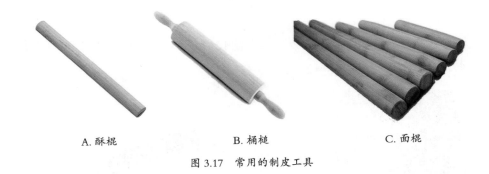

A. 酥棍   B. 桶槌   C. 面棍

图 3.17 常用的制皮工具

3.1.15 各种盘具

广东点心制作常用的盘具有烤盘、蒸盘、九寸方盘、托盘等（图 3.18）。

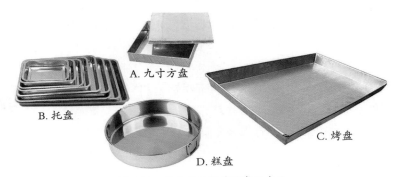

A. 九寸方盘

B. 托盘

C. 烤盘

D. 糕盘

图 3.18 广东点心制作的常用盘具

3.1.16 其他工具

广东点心制作的其他工具有印模、面粉筛、打蛋器、喷水器、不锈钢盆、漏筛、笊篱、晶饼模、月饼模等（图 3.19）。

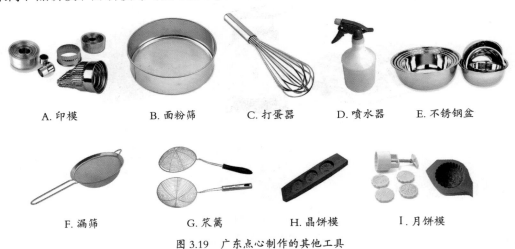

A. 印模   B. 面粉筛   C. 打蛋器   D. 喷水器   E. 不锈钢盆

F. 漏筛   G. 笊篱   H. 晶饼模   I. 月饼模

图 3.19 广东点心制作的其他工具

任务2 主要机械设备的安全操作规程

3.2.1 蒸煮炉的安全操作规程

1）蒸汽型蒸煮炉的安全操作规程

①使用前，将广东点心半成品放在蒸煮炉上，盖好笼盖。

②打开蒸汽阀门，使蒸汽进入炉内蒸制。

③蒸制结束后，关闭蒸汽阀门，打开蒸笼取出广东点心成品。

④禁止先打开蒸汽阀门后放广东点心半成品。

2）燃料型蒸煮炉的安全操作规程

（1）柴油蒸煮炉的安全操作规程

①开炉。先打开鼓风机电源开关，看电源是否接通，然后将鼓风机电源开关关闭。先打开总控油阀，再打开分控油阀，放出少许油之后，关闭分控油阀，用火点燃后逐渐加油、加风，至火焰稳定。

②关炉。先关闭总控油阀，然后关闭分控油阀，至无火苗后，再关闭鼓风机电源开关，最后关闭总电源开关。

③突发事件处理。

A. 在使用过程中突然停电，应先关闭分控油阀，再关闭风机，待恢复供电后，按开炉操作规程开炉。

B. 如果在使用过程中出现锅内水沸出将火熄灭的情况，应先将分控油阀关闭，再关闭风机，然后重新开炉。

（2）液化气蒸煮炉的安全操作规程

①开炉。先打开鼓风机电源开关，看电源是否接通，然后将鼓风机电源开关关闭。打开控气总阀门，先用火点燃少许纸屑放入炉膛，打开控气分阀门，然后打开鼓风机电源开关逐渐加大液化气量，加风，至火焰稳定。

②关炉。先关闭控气总阀门，再关闭控气分阀门，然后关闭鼓风机电源开关，最后关闭总电源开关。

③突发事件处理。

A. 在使用过程中突然停电，应首先把控气分阀门关闭，再关闭风机，待恢复供电后，按开炉操作规程开炉。

B. 如果在使用过程中出现锅内水沸出将火熄灭的情况，应首先把控气分阀门关闭，再关闭风机，然后重新开炉。

3.2.2 远红外烤炉的安全操作规程

①先接通烤炉的电源开关，此时各层的电源指示灯亮，需工作的那一层，根据需要分别设定上火、下火控温仪的数值。

②当烤炉内温度达到预定温度时开始恒温，这时可以开始烘烤食品。

③烘烤广东点心制品时，可以根据经验预先调定电子定时器的时间。烘烤开始时，接通定时器开关，烘烤设定时间完成后，会自动鸣叫，提醒出炉。

④在烘烤过程中，根据实际情况，调节手动排气装置。如果要观察炉内情况，可按下"照明"开关，此时炉内照明灯亮，可通过炉门检视窗进行观察。

⑤烘烤结束后，先将烘炉各层的上火、下火功率选择开关置于"停"，然后切断烘炉总开关和蒸汽发生器总开关。

⑥在使用过程中，禁止大力开关烤炉门，取出加温过的广东点心制品时，要用专用防火手套，或用几层半湿厚布垫手拿取烤盘，刚从烤炉内取出的热盘要在边上放警示标志，防止烫伤其他人。

3.2.3　压面机的安全操作规程

①使用压面机之前，应检查三相380 V电源连接是否正确、牢固。检查方法是：合上开关，以滚筒按规定方向滚动为正确，否则应改变电源线的接法，机器应有良好可靠的接地。

②使用中，只能在两个滚筒上方料斗内放入面团，在下方接住被压过的面团，对折后又放进去，多次滚压。

③压面机开动过程中手不准伸进防护栏，如发生面团卡机时，必须关机取面，严禁在开机状态下用手取面，严禁拆除安全栏操作，以免发生伤人事故。

④清理压面机卫生时，必须关机操作，停机后，必须切断电源。

⑤经常检查机器运转是否正常，注意保养和维修。

⑥机器应定期进行清洗，以保持良好的卫生状态。

3.2.4　搅拌机的安全操作规程

①先检查搅拌机的开关是否打开，再接通电源。

②正确使用各搅拌器及机器搅拌的最大容量。

③在操作过程中，一台搅拌机只能由一个人操作，切勿在操作过程中，将手或其他杂物放入搅拌桶内，要在确保安全的情况下，方可打开电源开关。

④操作完毕后，要关掉电源，将机器清洗干净。

⑤定期对机器进行保养。

任务3　主要机械设备的维护与保养

3.3.1　设备通用的维护与保养

①机械设备在使用过程中，应严格遵循说明书的操作要求，不要使设备超负荷工

作。同时，尽量避免长时间连续运转，以延长设备的使用寿命。

②机械设备至少1年要保养1次，对主要部件如电机、转动装置等要定期拆卸检查。

③电机要安装防尘罩。

④机械设备的外表也要像其他设备一样始终保持清洁。对操作过程中遗留在机械上的污垢，应及时处理干净，可以用肥皂水或弱碱水擦洗，但不要用钝器以及其他锐利的器具铲刮，以免表面留下痕迹。

3.3.2 电冰箱的维护与保养

①定期清洗电冰箱（库、柜）的内部及外表。

②冰箱内的任何溢出物或堆积的食品颗粒只要一出现就应清理干净，以减少冰箱的制冷负荷，减少与冰箱部件的摩擦。

③可用清水或小苏打水与温水溶液来清洗冰箱内壁，并擦拭干净。可移开的部件应拿出来冲洗干净并晾干。外表应用温水清洁，必要时，可用弱碱性肥皂水擦洗后再擦干，并涂一层抛光蜡，有助于使冰箱外表保持清洁。

④在对电冰箱（库）进行除霜处理时，应将存放的食物全部拿出，关掉电源，使其自动除霜。为缩短除霜时间，还可以用塑料刮霜刀将元件上的结霜刮除。切忌使用锐利的工具刮铲冰箱，更不能在结霜的部位用刀敲击，以免电冰箱部件损坏。此外，不能用热水冲刷冰箱，以免冷冻管爆裂，损坏制冷设备。

⑤电冰箱若长期放置不用，应将全部食物取出，内外洗净、擦干，关掉电源，拔出插头，晾干后封好装置。

3.3.3 烘炉的维护与保养

①烘炉（箱）应尽量避免在高温状态下连续使用。

②烘炉（箱）使用后应立即关掉电源。

③烘炉（箱）在使用前预热的时间不宜过长，只要达到所需要的烘烤温度，就应立即放入待烘烤的食物，干加热烘烤炉时对烤炉的损害最大。

④烘炉（箱）不宜用水清洗，可以干擦，以防触电。最好用烤炉清洁剂擦洗，但对烤炉内衬有铝的材料的不能用烤炉清洁剂或氨清洗。

⑤烘炉（箱）工具在使用后要立即移离烤炉，并浸于清水中冲洗干净，然后擦干。

⑥烘炉（箱）外壁要经常护理，可以用洗涤剂或弱碱水洗涤，以保持外表整洁美观，切忌用钝器铲刮。

⑦新的烘炉（箱）在使用时，必须参照使用说明书，以免发生误操作和损坏。

3.3.4 多功能搅拌机的维护与保养

①机器在使用后，每日应擦拭干净，确保食品卫生。

②搅拌桶和搅拌器必须于使用后清洗，不要用水管直接对机器喷水，应用湿布擦

拭，机器托板的位置应每周加少许植物油，以保持顺畅。

③定期检查各电气元器件触头（过载保护开关）及线头接触是否良好以及接地线是否良好，做到无漏电现象。

④定期检查电机轴承是否异常，测定电机的绝缘性。

⑤定期检查各运转机构是否灵活。

广东点心的熟制方法与疏松原理

广东点心的熟制方法

　　熟制是广东点心制作工艺中的最后一道工序。俗语说"三分制作，七分加温"就是熟制重要性的最好写照。熟制直接关系到成品的成熟与否、定型的好坏、色泽的深浅等。熟制的方法很多，广东点心制作中最常用的熟制方法有蒸、煎、炸、烤、煮等。

4.1.1　蒸

　　蒸是将广东点心的半成品放在蒸笼内，利用水蒸气在蒸笼内的传导、对流将半成品加温至熟的一种方法。根据广东点心对加温要求的不同分为猛火蒸、中火蒸、慢火蒸。在实际操作中，经常会遇到一些加温时先猛火后慢火，也有个别品种在蒸时还要不断地松开笼盖排去部分蒸汽。如叉烧包的蒸制必须用猛火，否则达不到疏松、爆口的要求，马蹄糕则需要用中火蒸制，否则会表面起泡、不细腻、组织结构不严密等。又如炖布甸，要先用中火再用慢火，并且要松笼盖，才能使成品香滑，色泽鲜明滋润，没有皱纹，否则会表面起洞，粗而不滑或坠底等。

4.1.2　煎

　　煎就是先将少量油投入锅内，再将广东点心半成品放入锅内，利用金属传导的原理，以沸油为媒介，将广东点心半成品加温至熟的一种加温方式。一般来说，煎分为生煎、熟煎、半煎炸、锅贴4种方法。

1）生煎

生煎是将广东点心半成品放入煎锅内，煎至两面金黄色后，向锅内加少许水并加盖，利用锅内的水蒸气将广东点心半成品加温至熟的一种煎制方法。

2）熟煎

熟煎是先将面点蒸熟或煮熟，然后放入煎锅内，再将其煎至两面色泽金黄的一种煎制方法。

3）半煎炸

半煎炸是先将广东点心半成品放入煎锅内，煎至两面金黄色后，再向锅内倒入高度为点心半成品一半的油，煎炸至皮脆的一种煎制方法。半煎炸一般适用于一些体型较大，利用生煎较难煎熟的广东点心制品，如煎薄饼、煎棋子饼等。

4）锅贴

锅贴同生煎相差不大，不同之处是先将广东点心半成品煎至一面金黄色后，即可加水加盖，再煎至产品至熟。锅贴的特点是一面香中带脆，一面柔软嫩滑。

4.1.3　炸

炸是利用液态油脂受热后会升高温度、产生热量使广东点心半成品受热至熟的一种加温方法。在广东点心制作中，有许多产品是用油炸加温制作出来的，但油炸加温又是几种加温方法中最难控制的一种方法。因为炸制广东点心制品不仅应严格掌握火候、油温、炸制的时间等，而且还要根据广东点心制品用料的不同、制作方法的不同、质量要求的不同灵活使用油炸技术。如在炸制过程中，使用的油温过高，会使点心成品表面很快变焦而内部不熟。如油温过低，则广东点心成品吸油厉害，成品容易散碎，色泽不良。要想更好地运用油炸技术，首先必须掌握油烧热后油温的变化。油温的变化在广东点心行业内一般用直观鉴别的方法进行。

①油在锅内受热后，开始在锅内微微滚动，同时发出轻微的吱吱声，即为油脂内水分开始挥发的现象，此时的油温为 100 ~ 120 ℃。

②随着油温继续升高，锅内油的滚动由小到大，声音慢慢消失，这时油脂内水分基本挥发完毕，油温为 150 ~ 160 ℃。

③当烧至油面上有白烟冒起时，可以判定此时油温为 200 ℃左右。

④当油的滚动逐渐停止并且油面有青烟冒起时，可以判定此时油温为 270 ℃左右。如果继续升温，油就会燃烧。

4.1.4　烤

烤是利用烤炉内的热源，通过传导、辐射、对流 3 种作用将广东点心半成品加温至熟的一种熟制方法。烤炉内的加温与其他加温方法不同，烤炉内一般有上、下两个火源同时加热，使广东点心同时受热。因为广东点心半成品放入烤炉后均放在下火上，所以在调节烤炉炉温时一般是上火比下火高 20 ℃左右。烤制技术在广东点心制作中也是经常用到的一种熟制技术，许多广东点心均需要用烤制的方法加温，并且在加温中，根据大小不同、材料不同、制作工艺不同等采用不同的炉温，有些还需要在烤制过程中不断地变换炉温。如在烤合桃酥时，必须先用上火 160 ℃、下火 150 ℃烤至成品成饼状时，才又升至上火 180 ℃使其定型、变脆。否则，如果入炉温度太高，则马上定型，成品不能成为饼状；如果入炉温度太低，就会造成泄油，无法成形。这就是烤制加温控制的重要性。

4.1.5　煮

煮是利用沸水将广东点心半成品熟制的一种加温方法。煮制广东点心制品时，必须在水沸后下锅，并且有些要猛火煮制，有些要慢火煮制，还有些要先猛火后慢火，也有部分要先慢火后猛火，而且在适当的时候搅动半成品，并且还要采取一定的措施，否则会造成广东点心半成品坠底、变形等现象。如煮水饺必须用猛火，并且在打开盖子的时候要向锅中加入凉水，广东点心行业内叫"点水"，以使皮料收缩变爽而不易烂。煮牛肉丸时，则必须采用慢火，以保证牛肉丸的爽口性等。

任务2　广东点心的三大疏松原理

在广东点心制作中，不仅要求广东点心具有较好的色、香、味、形，而且要求其组织松软，这种松软感就是因为广东点心在制作过程中有大量气体充入而膨胀。这种膨胀使广东点心变大，广东点心内部组织细腻而松软。又因为广东点心松软，经咀嚼后唾液及胃液中的酶分解，从而获得更完美的口感与不同的风味。广东点心的膨胀的过程为广东点心的疏松。

4.2.1　广东点心疏松的必备条件

广东点心疏松必须具备两个条件。首先要有一个能保住气体不容易出的有弹性和延伸性的组织结构，其次要有足够的气体，才能使广东点心达到质地松软、体积增大的目的。

1）保留气体的组织结构

面粉中的面筋可以形成能保住气体不易漏的组织结构。面粉是广东点心制品的主要原料，面粉中含有蛋白质，主要有麦胶蛋白、麦谷蛋白以及酸溶蛋白、球蛋白、白蛋白 5 种。其中，麦胶蛋白、麦谷蛋白不溶于水。当面粉加工经过搅拌或揉搓后，麦谷蛋白吸水膨胀。在膨胀过程中，吸收麦胶蛋白，酸溶蛋白及少量的可溶性蛋白，形成网状组织结构即面筋。面筋具有弹性、延伸性和韧性。这 3 种特性是导致广东点心制品膨胀大小的一个理化指标。在各种物理因素或化学因素的影响下，蛋白质特有的空间构型被破坏，导致理化性质发生变化，这一作用称为蛋白质变性。在广东点心

加热过程中，蛋白质的热变性具有重要意义，其变性程度取决于加热程度，温度越高，变性越强烈。蛋白质变性后，失去了吸水能力，膨胀力减退，溶解度变小，面团的弹性和延伸性消失，成为一种固化的组织结构。这种固化了的组织结构将使各种因素产生的气体保留在广东点心制品中，使广东点心制品体积增大并变得松软。

2）使广东点心疏松的气体来源

使广东点心疏松的气体来源大致可以分为以下3个方面：一是物理疏松来源；二是化学疏松来源；三是微生物疏松来源。

4.2.2 广东点心的三大疏松原理

1）物理疏松

物理疏松是指利用原料本身特有的性质，经不同方法处理、加温后达到体积增大的目的。物理疏松主要是通过机械作用或相对湿度产生的气体使广东点心疏松。在广东点心制作中，物理疏松分为蛋类疏松、油脂类疏松和水蒸气疏松等。

（1）蛋类疏松

蛋类疏松是利用蛋白在打制时会充入大量的气体，形成非常细密的气室，再利用加热时气体热胀冷缩原理使广东点心体积增大。影响蛋类疏松的因素有以下几个方面。

①蛋的新鲜度。新鲜蛋的蛋白稠度较大，黏性较强，裹气能力较强。随着时间的增加，蛋白黏稠度降低，裹气能力相应减弱，从而影响蛋类的疏松效果。因此，蛋越新鲜，疏松效果越好。

②温度的影响。温度与起泡的形成和稳定有直接关系。因为蛋白泡沫形成最好的温度为30 ℃，而蛋白液在搅打过程中会因为摩擦生热，温度升高，所以，在打发蛋白时，蛋白液的温度一般控制在17 ~ 22 ℃。因此，夏季温度较高时，应将鸡蛋置于冰箱内一段时间，使其降温后再使用。

③酸碱度的影响。酸碱度对蛋白泡沫的形成和稳定性影响也比较大。因为蛋白形成泡沫的能力和稳定性较好的酸碱度 pH 值为 5 左右，而正常蛋白的 pH 值一般为弱碱性，所以在打蛋白时加入酸或酸性物质，可有效地调节蛋白的酸碱度，改善蛋白的发泡性能。

④黏度的影响。黏度大的物质有助于泡沫的形成和稳定。在打蛋白时常加入糖，利用糖具有黏度以及具有一定的化学稳定性这一特性，在打蛋白时糖分子会附着于蛋白泡上，增强蛋白的起泡性。值得注意的是，在加入糖的过程中，要选择化学性质稳定的糖，避免发生化学反应，产生有色物质。通常选用蔗糖而不选用化学稳定性差的葡萄糖浆、果葡糖浆和淀粉糖浆。

⑤油脂的影响。由于油脂的表面张力很大，而蛋白泡沫很薄，当油脂接触到蛋白起泡时，油脂的表面张力远远大于蛋白膜本身的延伸力而将蛋白膜拉断，气体从断口处逸散，气泡立即消失，因此，油脂是一种消泡剂，打蛋白时应避免与油脂接触。蛋黄和蛋白应分开使用，就是因为蛋黄中含有油脂的缘故。

（2）油脂类疏松

油脂类疏松是利用搅拌的方式，将空气搅拌于固体油脂中，达到疏松的效果。固体油脂具有融合气体的能力，油脂在空气中经高速搅拌起泡时，空气中的细小气泡被油脂吸入，在点心中它会以不规则的小颗粒分散在面团中。在搅拌过程中，面团所吸附的空气全部局限于油脂当中，各种因素所产生的气体，都被油脂所融合并积累起来，这样面团的体积也就增加了。例如，制作牛油戟、曲奇等点心就是利用这种油脂的搅拌作用使成品疏松的。

另外，由于油脂的疏水性和润滑性，利用油搓出水油皮及油心后，经包制并进行折叠时制成半成品，受热后油脂流散，油脂以球状或条状存于面团中，形成隔离皮层的材料，皮层经受热糊化后定型，形成多层的组织结构，达到疏松的效果。同时，受热油分散到面粉颗粒之间，隔离面筋的生成，形成该产品酥松的特点。如水油酥皮、岭南酥皮等点心类均是利用这样的原理进行疏松。

影响油脂类疏松的因素包含以下几个方面。

①油和粉之间的配比。在操作时，严格按照品种的要求放入适量油脂。放入过多的油脂会影响面粉糊化定型的效果，造成成品塌身，成品变样，层次不分明等现象；放入的油脂过少，成品受热后油未能将面粉的筋度充分隔离，达不到疏松效果。

②面粉面筋的影响。如果面粉筋度过大，会使油皮出现收缩的现象，油心分布不均匀，造成乱酥的现象。如果面粉筋度过小，影响面粉受热糊化时扩张的效果，造成皮层黏合，达不到疏松的效果。因此，在操作时，面团筋度过大，可适当静置，让筋度扩展；面团筋度过小，可多搓增加筋度。

③油脂的质量。在使用油时，要正确掌握各种油的特性，起酥油的充气性比人造奶油好，猪油的充气性较差。此外，油的特性还与油脂的饱和程度有关，饱和程度越高，搅拌时吸入的空气越多，需要起层的品种采用凝固度好且疏水基较好的油脂。

（3）水蒸气疏松

面团或者面糊中的游离水，经过加温后发生变化，变成气体，造成内部压强大于外部压强，广东点心制品膨胀。例如，在制作冰花鸡蛋散时，可以不加任何疏松剂，只在面团之间洒上一层生油。在加温时，面团中的游离水形成的蒸汽散发出来。而油脂又有隔离水的作用，形成一种推力向上下两边分开，蛋散体积膨胀为原来的几倍大。又如，岭南皮因在操作时，水皮包上油心经开酥使水皮与油心加温后产生气体，而水皮有裹气性将其气体保存，体积增大。

2）化学疏松

在广东点心制作中，化学性疏松就是利用各种化学疏松剂和粉类混合成面团，制成半制成品，经加温后产生大量气体，达到膨大疏松的目的。化学疏松剂的种类很多。在广东点心制作中，常用的化学疏松剂有食粉、溴粉和苏打粉等。在前面化学原料章节已提到其性能及用途，这里就不再一一阐述。化学原料在加入面团中能产生疏松的作用，它们可以单独使用，也可以将其中2～3种同时使用，具体根据面

团的特征、成品的要求进行。制作时，请参照化学原料的使用要求合理运用，使制出的成品达到最佳效果。

3）微生物疏松

微生物疏松是利用酵母菌经过繁殖、发酵产生二氧化碳气体，使制品的体积增大。发酵应在适当的环境下进行，如温度、湿度、酸碱度、渗透压力，适当的营养素等。其主要作用是分解葡萄糖产生二氧化碳和酒精，起到一定的疏松作用。同时，使点心产生一种特殊的香味，面筋延伸性增强，扩展面筋，最终点心体积增为原来的数倍。例如，在制作馒头和面包时，就是利用酵母的作用使其体积增大，变得松软又有一种特有的发酵香味。

广东点心制作 基本功知识

5.1.1 揉制手法

揉制手法又称阴阳手法。具体操作方法是：双手的手掌跟压住面坯，交替用力伸缩并向外推动。先将面坯揉成长条状，从两边向中间折起；再将面坯揉成长条状，从两边向中间折起。如此反复，直至揉成光滑不黏手的面团（图 5.1）。

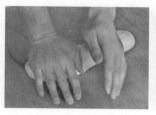  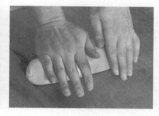

A.　　　　　　　　　　B.　　　　　　　　　　C.

图 5.1　揉制手法

5.1.2 捣制手法

捣制手法是使面筋快速形成使用的一种手法。具体操作方法是：将面团放在案台上，双手紧握拳头，两手交叉在面的各处用力向下均匀捣压。将面团压成片状后，再将其叠拢到中间，继续捣压，如此反复多次，直至把面坯捣透并且表面光滑（图5.2）。

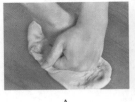
A.

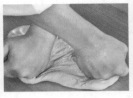
B.

C.

D.

图 5.2　捣制手法

5.1.3　摔制手法

摔制手法适用于较软的面团，也是促使面筋快速形成的一种手法。具体操作方法是：双手将面团提高，手腕用力将面团摔于案台上，反复多次，使面粉充分吸水并形成面团（图 5.3）。

图 5.3　摔制手法

5.1.4　擦制手法

擦制手法主要适用于无筋性的油酥性面团、热水面团和部分米粉类面团。具体操作方法是：先将双手手掌或单手手掌下部放在面团上，用力从上向下擦向案台上，然后将面团叠拢到中间，再反复以上过程，直至将面团擦至细滑无粒状（图 5.4）。

A.

B.

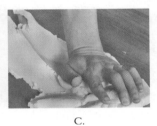
C.

图 5.4　擦制手法

5.1.5　折叠手法

折叠手法主要适用于一些含有水分的无筋性但又必须抑制面筋的生成的面团。具体操作方法是：右手拿刮刀，左手将原料混合成散粒状后用力压紧成一块面团，再用刮刀将面团切成若干份，然后将每一份的切口向上，分别叠在一起，每叠一份要用手压制后再叠另一份，重复操作 2 ~ 4 次即可（图 5.5）。

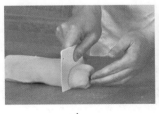
A.

B.

图 5.5　折叠手法

任务2　广东点心制作的基本技法

5.2.1　水调面团调制

1）制作水调面团的材料

高筋面粉250克，低筋面粉250克，清水300克。制作水调面团的主要材料如图5.6所示。

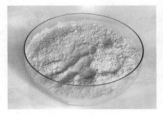

A.　　　　　　　　　　　　　　B.

图 5.6　制作水调面团的主要材料

2）水调面团的调制过程（图5.7）

（1）过筛

将面粉混合后倒入粉筛中，用旋转或振动的方法将面粉筛于案台上。

（2）开窝

先将面粉用刮刀围成一个小圆堆，然后将刮刀的一角放在面粉堆中间，从上面向逆时针方向旋转半圈，再翻转刮刀，从下面再逆时针方向旋转半圈，形成一个比手掌略大的面窝。

（3）埋粉

加入清水，右手拿刮刀，将面窝内圈的面粉先与水混合，使面粉与水先混合成面糊状，水不再流动，再将剩余的面粉埋入。

（4）搓制

先用左手将面团搓成团状并较为光滑，清理干净案台及工具后，再用阴阳手法将面团搓成光滑、不黏手的面团。

A.　　　　　　　　　　B.　　　　　　　　　　C.

图 5.7　水调面团的调制过程

3）水调面团的品质要求

要求水调面团成品（图 5.8）表面细腻光洁，有筋韧性并且不黏手，形格完好。

5.2.2　油酥面团调制

1）制作油酥面团的材料（图5.9）

低筋面粉 250 克，猪油 75 克，牛油 75 克。

图 5.8　水调面团成品

图 5.9　制作水调面团的材料

2）油酥面团的调制过程（图5.10）

①将牛油与猪油置于案台上充分搓均匀。

②将面粉、牛油与猪油充分混合，用刮刀将其混合均匀。

③用擦制手法将其擦成细腻、均匀的面团。

D.　　　　　　　　　　　E.

图 5.10　油酥面团的调制过程

3）油酥面团的品质要求

要求油酥面团成品（图 5.11）细腻光洁，面团无筋韧性，形态完好。

5.2.3　面团出条技法

1）面团出条用料

水条面团 1 块，油酥面团 1 块。

2）面团出条过程

（1）搓条（图 5.12）

图 5.11　油酥面团成品

先将面团置于案台上，双手叠起放在水调面团中间，然后用力向前后滚动面团，使面团向两边扩展。重复此操作，将面团搓成一定大小的圆柱体。

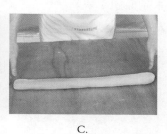

A.　　　　　　　　　B.　　　　　　　　　C.

图 5.12　搓条

（2）卷条（图 5.13）

先将水调面团过压面机至纯滑，压成片状，然后从一边开始向另一边卷起，卷成实心的圆柱体条状，并用双手将其搓成一定大小的圆柱体。

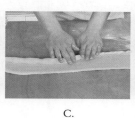

A.　　　　　　B.　　　　　　C.　　　　　　D.

图 5.13　卷条

（3）切条（图5.14）

切条主要适用于无筋性的油酥性面团、热水面团和部分米粉类面团。先将面团稍压薄，然后用刮刀将其切成条状，并轻轻将条状搓成一定大小的圆柱体。

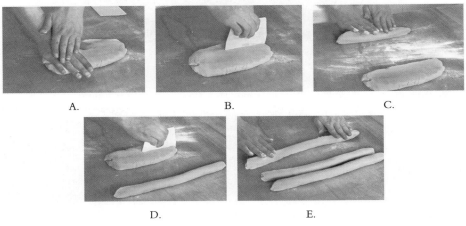

图5.14　切条

5.2.4　面团下剂技法

1）面团下剂用料

水条面团1块。

2）面团下剂的过程

（1）揪剂（图5.15）

水调面团出条，用右手拇指、食指与中指揪住面团，左手拿面团，双手贴紧，用力向下方拉出，将面团揪下，剂子截面向上均匀地摆放在案台上。

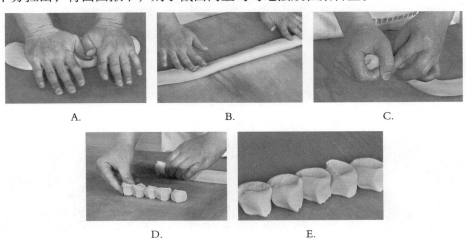

图5.15　揪剂

（2）切剂（图5.16）

将面团搓条，用桑刀切出一定的大小，每切1个，面团转动一下。或面团不动，切出一定大小的剂，每切 1 个，用手将剂拿开 1 个。

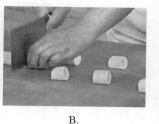

A.　　　　　　　　　　　　　B.

图 5.16　切剂

5.2.5　面团制皮技法

1）面团制皮用料

水调面团 1 块，澄面面团 1 块。

2）面团制皮过程

（1）擀皮（图 5.17）

图 5.17　擀皮

先将水调面团下剂，用右手拿酥棍推转，左手捏面坯中间旋转，再将面坯擀成中间厚四周薄或厚薄一致的圆件。

（2）捏皮（图 5.18）

先将面团剂子用手压薄，用双手拇指捏住面坯中间，四指配合，一边捏一边旋转，再将剂子捏成窝形或圆形。

A.　　　　　　　　　　　　　B.

图 5.18　捏皮

（3）拍皮（图 5.19）

拍皮主要适用于无筋性的油酥性面团、热水面团和部分米粉类面团。具体操作方

A.　　　　　　　　　　　　　B.

图 5.19　拍皮

法是：先用左手将剂子滚圆，再压成饼状，然后用右手拿拍皮刀，用左手压刀面，向着顺时针方向旋转，将面坯压圆、压薄。

（4）打皮

打皮在广东点心制作中主要适用于干蒸烧卖皮、萨其马、蛋散等品种，也适用于饺子皮、粟米饼皮的制作。打皮分为米字形打法和推打法两种。

①米字形打法（图5.20），又称压打法。先将面团开薄或压薄成长方体状，以生粉作粉焙，用面棍将其卷起后，抽出面棍，将其放在案台边缘，用面棍从中间开始向两边均匀用力压出，再分别从左右斜棍中间开始向两边均匀压出，用这样的方法再次翻转面坯，之后上粉焙再卷起，抽出棍压打，如此反复，将面皮打成适当厚薄的面皮。

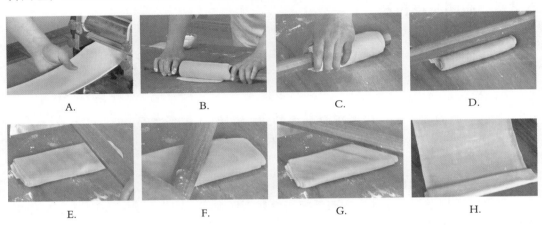

图 5.20　米字形打法

②推打法（图5.21）。先将面团开薄或压薄成长方体状，以生粉作粉焙，用面棍将其卷起后，用双手从中间向两边推动，之后上另一条面棍，卷起后再推打。以此类推，将面皮打成一定厚薄的面皮。

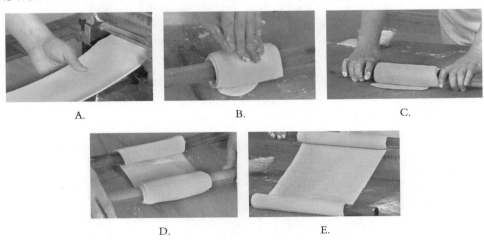

图 5.21　推打法

项目 **6**

发酵类品种制作技术

任务1 **依仕皮品种及其创新**

6.1.1 依仕皮

依仕皮就是我们常说的酵母皮。由于酵母的英文为 yeast，因此广东地区的人们根据其音译俗称其为"依仕皮"。

依仕皮主要用来做生肉包、馒头、滑鸡包、糯米卷、莲蓉包、花卷等品种。说起生肉包和馒头的来历，据说当年还是诸葛亮（图 6.1）发明的。在诸葛亮辅佐刘备打天下的过程中，诸葛亮率军进军西南征讨孟获，在横渡泸水一段时，正值农历五月间，以诸葛亮《出师表》为证："五月渡泸，深入不毛。"也就是说，农历五月间，夏季炎热了，泸水与别的地方的水不同，"瘴气太浓"，不仅如此，水中还含有毒性物质，士兵们食用了泸水，出现致死和患病的情况。在这种情况下，诸葛亮冥思苦想后，下令让士兵杀猪、牛，将牛肉和猪肉混合在一起，剁成肉泥，和入面里，做成人头形状蒸熟了，让士兵们食用，结果很快就消除了士兵的病症。这样一来，泸水周围百姓们就传开了，说诸葛亮下令做的人头形的"馒头"可避瘟邪。于是，人们生活中便渐渐有了"馒头"。随着社会的发展，密切结合生活饮食上的需要，逐渐演变成由"馒头"里边装上肉馅的食物。因为是用面和肉馅包成的，所以被人们恰到好处地起名为"包子"了。

如今，依仕皮是广东点心生产中必不可少的皮

图 6.1 诸葛亮

类之一，人们经过改进，生产出咸甜兼备、千变万化的产品，每天都会出现在我们的餐桌上，深受人们喜爱。

1）制作依仕皮的材料

低筋粉 500 克，白糖 100 克，泡打粉 10 克，酵母 4 克，椰浆或炼奶 15 克，猪油 10 克，清水 250 克。制作依仕皮的主要材料如图 6.2 所示。

2）依仕皮的制作过程（图6.3）

①将面粉跟泡打粉混合过筛、开窝。

②加入白糖、酵母、水、椰浆或炼奶，将白糖擦至溶解之后，埋粉。

图 6.2　制作依仕皮的主要材料

③稍搓成团后放入猪油，搓成纯滑有筋的面团即可。

　　A.　　　　　　　　　　B.　　　　　　　　　　C.

图 6.3　依仕皮的制作过程

3）依仕皮制作的关键

①在天冷时，酵母可以用温水和少许面粉开成稀浆，同时，在酵母配方中的用量适当增加，以便依仕皮充分起发。

②白糖必须全部溶解，如果不溶解，对包身色泽的洁白度有一定影响。

③投放适量水分，馒头、莲蓉包之类的皮可稍微硬些，能保持其包身形格。

6.1.2　依仕皮品种及其创新

1）生肉包

（1）制作生肉包馅的材料

半肥瘦猪肉 500 克，葱白 50 克，湿冬菇 50 克，马蹄或沙葛 150 克，精盐 6 克，味精 5 克，白糖 15 克，老抽 10 克，胡椒粉 1.5 克，麻油 10 克，猪油 20 克，生粉 15 克。制作生肉包馅的主要材料如图 6.4 所示。

（2）生肉包馅的制作过程（图 6.5）

①将猪肉、马蹄、葱白分别切成中粒，冬菇切幼粒备用。

②将猪肉加入精盐向一个方向搅拌均匀至起胶。

③先加入所有辅料、味料、麻油、胡椒粉拌匀，

图 6.4　制作生肉包馅的主要材料

然后加入生粉拌匀，再加入猪油拌匀，放入冰箱稍作冰冻即可。

A.

B.

C.

图 6.5　生肉包馅的制作过程

（3）制作生肉包的材料（图 6.6）

依仕皮 500 克，生肉包馅 300 克。

（4）生肉包的制作过程（图 6.7）

①将依仕皮过压面机至纯滑，卷起成直径约 4 厘米的圆柱体。

②出体每个约 25 克大小，并开成中间厚、四周薄的圆皮。

图 6.6　制作生肉包的材料

③每个包上 15 克的生肉包馅，做成雀笼形。

④垫上包底纸，放入蒸笼静置发酵。

⑤发酵完成后，放入蒸炉用猛火蒸 10 分钟即可。

A.

B.

C.

D.

E.

图 6.7　生肉包的制作过程

（5）生肉包制作的关键

①将制作生肉包馅的主料及辅料冲洗干净，并将水晾干后操作，否则制出的馅料水分过多，影响生肉包造型。

图 6.8　生肉包成品

②面团必须过至纯滑，面团有光泽，否则蒸出的颜色会不够白。

③制作生肉包的皮宜软些，对形格的制作较好。

④正确鉴别发酵程度。如果发酵时间不够，成品会爆裂；如果发酵时间过久，成品会有皱皮、身塌等现象。

（6）生肉包的品质要求

要求生肉包成品（图 6.8）外表洁白，手感绵软，有弹性，折纹细密均匀、清晰。馅心正中，品质嫩滑，湿润，味鲜。

2）莲蓉包

（1）制作莲蓉包的材料（图 6.9）

依仕皮 500 克，红莲蓉 300 克。

（2）莲蓉包的制作过程（图 6.10）

①将依仕皮过压面机至纯滑，开成厚度为 0.8 厘米的方块。

图 6.9　制作莲蓉包的材料

②用直径为 5 厘米的光圈盖出圆件。

③包上 15 克莲蓉做成圆球形。

④接口朝下放在垫了包纸的蒸笼静置发酵。

⑤发酵完成后，放入蒸炉用猛火蒸 5 分钟即可。

A.

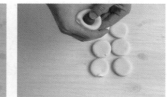

B.

C.

D.

E.

图 6.10　莲蓉包的制作过程

图 6.11　莲蓉包成品

（3）莲蓉包制作的关键

①面团必须纯滑，并掌握皮的厚度。

②包馅时不宜旋转过多，否则会出现"打影"的现象。

（4）莲蓉包的品质要求

要求莲蓉包成品（图 6.11）表皮色泽洁白，有光泽，品质绵软，有弹性，气孔细密均匀，口感香甜，馅心正中。

（5）莲蓉包创新品种制作

①寿桃包的制作过程（图6.12）。

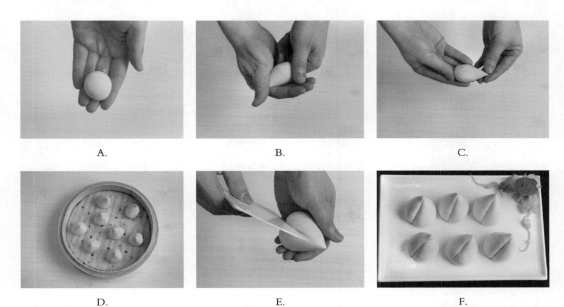

A.   B.   C.

D.   E.   F.

图 6.12 寿桃包的制作过程

②刺猬包的制作过程（图6.13）。

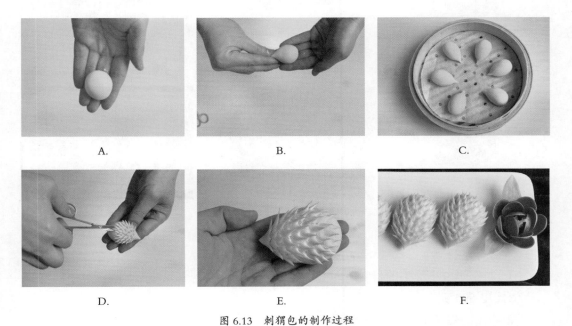

A.   B.   C.

D.   E.   F.

图 6.13 刺猬包的制作过程

③鱼仔包的制作过程（图 6.14）。

A.　　　　　　　　　　B.　　　　　　　　　　C.

D.　　　　　　　　　　E.　　　　　　　　　　F.

图 6.14　鱼仔包的制作过程

④章鱼包的制作过程（图 6.15）。

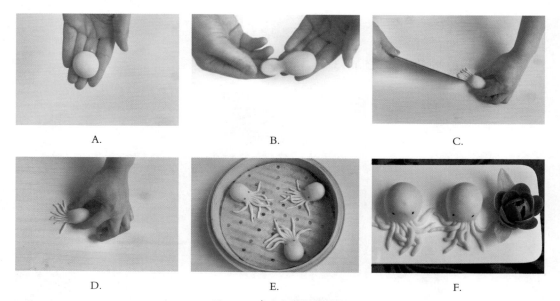

A.　　　　　　　　　　B.　　　　　　　　　　C.

D.　　　　　　　　　　E.　　　　　　　　　　F.

图 6.15　章鱼包的制作过程

3）奶白小馒头

（1）制作奶白小馒头的材料

依仕皮 500 克。

（2）奶白小馒头的制作过程（图 6.16）

①将依仕皮过压面机至纯滑，开成厚度为 0.5 厘米的方块。

②表面喷适量水后卷起，搓成直径为4厘米的实心圆柱体且折口朝底。

③用桑刀斩出长度为4厘米的柱体。

④放到扫油的眼板中静置发酵。

⑤发酵完成后，放入蒸炉里用猛火蒸7分钟即可。

A.

B.

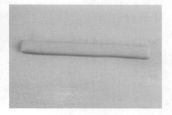

C.

D.

E.

图 6.16　奶白小馒头的制作过程

（3）奶白小馒头制作的关键

①掌握面团的软硬程度，面团不宜过软，否则蒸出的形格容易变形。

②掌握斩件的宽度，过宽形格差，过窄会身歪。

③正确鉴别半成品的发酵程度。

（4）奶白小馒头的品质要求

要求奶白小馒头成品（图6.17）为腰鼓形，边角线条分明，成品表面有光泽，有弹性，剥开内部有层次，内部气孔细密均匀，口味甘香。

图 6.17　奶白小馒头成品

4）香煎萝卜包

（1）制作萝卜馅的材料

图 6.18　制作萝卜馅的主要材料

白萝卜500克，粟粉50克，精盐4克，味精5克，白砂糖6克，胡椒粉1克，冬菜25克。制作萝卜馅的主要材料如图6.18所示。

（2）萝卜馅的制作过程（图6.19）

①将白萝卜切成细丝。

②将白萝卜丝加入锅中，用适量清水煮至色泽透明。

③捞出后趁热加入粟粉拌匀。

④加入剩余的材料拌匀即可。

A.

B.

C.

D.

图 6.19　萝卜馅的制作过程

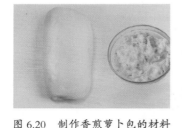

图 6.20　制作香煎萝卜包的材料

（3）制作香煎萝卜包的材料（图 6.20）

依仕皮 500 克，萝卜馅 500 克。

（4）香煎萝卜包的制作过程（图 6.21）

①将依仕皮过压面机压至表面细滑，卷起，搓成直径约 3 厘米的圆柱体。

②出体每个约 15 克大小。

③将其开成四周薄、中间厚的圆形体。

④每个包入约 15 克萝卜馅，造型呈鸟笼形。

⑤稍压薄后放在扫油的眼板上发酵。

⑥发酵完成约八成时，将其放入锅内，用生煎的方法将其煎至两面金黄色即可。

A.

B.

C.

D.

图 6.21　香煎萝卜包的制作过程

（5）香煎萝卜包制作的关键

①发酵时间不能过久，否则会导致形格塌陷。

②掌握煎的火候，不宜用太猛的火，用中火煎制。

（6）香煎萝卜包品质要求

要求香煎萝卜包成品（图 6.22）形格完好，煎色均匀，呈金黄色，煎包腰部洁白，食之绵软有弹性，馅料突出萝卜鲜味，香糯有汁。

图 6.22　香煎萝卜包成品

图 6.23　制作香煎葱油饼的主要材料

5）香煎葱油饼

（1）制作香煎葱油饼的材料

依仕皮 500 克，葱花 60 克，牛油 25 克，精盐 10 克。制作香煎葱油饼的主要材料如图 6.23 所示。

（2）香煎葱油饼的制作过程（图 6.24）

①先将依仕皮过压面机至纯滑并有一定薄度，然后用酥棍将其开薄成厚度为 0.3 厘米的长方体。

②先撒上精盐，然后抹上一层已融化的牛油，再均匀地撒上葱花。

③卷成直径约 4 厘米的圆柱体。

④切出宽约 2 厘米的小圆柱体。

⑤用酥棍从中间向两端擀成厚约 0.7 厘米的圆件。

⑥放在扫油的眼板上发酵。

⑦发酵完成后，放入蒸炉里用猛火蒸 5 分钟拿出。

⑧放入不粘锅内，用中上火煎至两面金黄色即可。

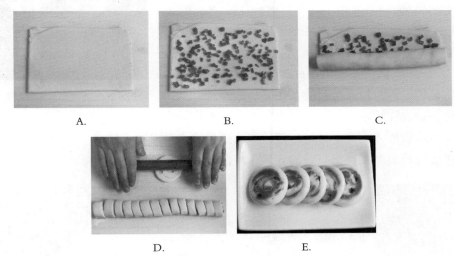

图 6.24　香煎葱油饼的制作过程

（3）香煎葱油饼制作的关键

①皮不能过厚或过薄，否则卷的圈数太多或太少，影响形格美观。

②牛油不宜过多，否则蒸时融化溢出，影响其色泽。

③煎时应掌握火候。

（4）香煎葱油饼的品质要求

要求香煎葱油饼成品（图 6.25）色泽金黄，外脆内软，内部色泽洁白，食之甘香，突出葱花香味。

图 6.25　香煎葱油饼成品

任务2 发面皮品种及其创新

6.2.1 发面皮

发面皮是制作广东点心的一种传统皮类。发面皮是利用微生物发酵疏松来达到品种要求的一类皮类，属老酵面制品。

发面皮的代表品种是叉烧包。叉烧包是目前人们在广东饮茶时的必备点心之一。叉烧包皮色雪白，内馅香滑有汁，甜咸适口，滋味鲜美，是广式早茶的"四大天王"（虾饺、干蒸烧卖、叉烧包、蛋挞）之一，也是广东最具代表性的点心之一。叉烧包主要采用肥瘦适中的叉烧作馅，包皮蒸熟至软滑刚好，稍为裂开露出叉烧馅料，散发出阵阵叉烧的香味。又有一说，传统叉烧包的标准是："高身雀笼形，大肚收笃，爆口而仅微微露馅。"

1）制作发面皮的材料

面种 500 克，低筋粉 150 克，白糖 150 克，枧水约 10 克，泡打粉 12.5 克，溴粉 2.5 克，清水等适量。制作发面皮的主要材料如图 6.26 所示。

2）发面皮的制作过程（图6.27）

①将面粉、泡打粉混合过筛备用。

②将白糖、面种混合，加入清水，充分擦至白糖全部溶解。

③先将溴粉加入面种中擦匀，然后加入适量枧水至面种无酸味。

④将已过筛的面粉、泡打粉加入搓至纯滑即可。

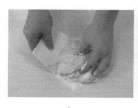
图 6.26 制作发面皮的主要材料

A.   B.   C.   D.

图 6.27 发面皮的制作过程

3）发面皮制作的关键

（1）必须选用较合适的面种，过老或过嫩均会影响产品质量

面种的制作方法如下：

①制作面种的材料。面粉 500 克，清水 200 克，老面种 50 克。

②面种的制作方法。将面粉与清水、老面种混合并搓纯滑，放入扫油的盆中，在28 ℃的温度下发酵 7 ~ 8 小时即可。如遇天热或天冷可适当调整。

③面种是否合度的鉴别及补救措施。

A.老面种。酸味较大，气孔粗，手摸时马上黏手。补救措施是：制作产品时多加粉和水。

B.嫩面种。酸味小或没酸味，气孔幼小，用手摸时较实。补救措施是：制作产品时多加泡打粉。

C.合度面种。酸味中带香，气孔均匀，手摸时不马上黏手。

（2）根据面种的老嫩来掌握枧水的投放，以免影响发面皮的碱度

发面皮碱度鉴别方法如下。

①从嗅觉上判断。

A.合度。有碱香和糖香的味。

B.碱多。有强碱气味或石灰味。

C.欠碱。有酸味，酸味越大，欠碱越多。

②从听觉上判断。

A.合度。拍打面团时，声音夹有通透音，有一定的振荡力。

B.碱多。拍打面团时，声音较紧，回力较大。

C.欠碱。拍打面团时，声音沉重，听不到响声。

③从视觉上判断。

将面团搓纯滑成圆柱形，用利刀斩断。

A.合度。气孔小而圆，分布面广，呈现比较均匀。

B.碱多。气孔扁长，密度大，甚至没有气孔，色微青。

C.欠碱。气孔偏短且参差不齐。

④通过蒸制来判断。蒸制就是取少量面团搓纯滑，放入蒸炉蒸5分钟拿出看效果。

A.合度。外表洁白，有光泽，起发好，松软，有较大弹性，爆口处隆起自然，气孔细密均匀。

B.碱多。外表青黄色，不够松软。

C.欠碱。外表不够光滑，有一些皱纹，爆口处内部隆起不明显，裂缝平整不自然，弹性较差并带有酸味。

（3）投料顺序

投料的顺序要正确，否则会影响成品的质量。

（4）面种与糖混合的要求

面种与糖和枧水混合时要充分搓制，否则成品色不够白，气孔大，弹性差。

（5）掌握好面团的软硬度

要掌握好面团的软硬度。如太硬，则色泽枯黄，表面无光泽，不松软；如过软则身形下塌，影响成品形格。

（6）用火要求

加温时一定要用猛火，否则成品表面无光泽，爆口不自然，起发差且无弹性。

6.2.2 发面皮品种及其创新：叉烧包

叉烧包是广东具有代表性的点心之一。叉烧包是以切成小块的叉烧肉，加入蚝油等调味成为馅料，外面以面粉包裹，放在蒸笼内蒸熟而成的。叉烧包的直径一般为5厘米左右，一笼通常为3个或4个。好的叉烧包采用肥瘦适中的叉烧作馅，包皮蒸熟至软滑刚好，稍微裂开露出叉烧馅料，散发出阵阵叉烧的香味。

图6.28 制作叉烧芡的主要材料

在广东，叉烧包不仅是一种小吃，它还象征着团结和谐，是有内涵的意思。有的说法是，从叉烧包的外包内陷结构上体现包容的意思。

（1）制作叉烧芡的材料

生粉100克，粟粉100克，白糖150克，老抽30克，生抽50克，蚝油50克，味精10克，葱100克，姜100克，清水1000克，色拉油100克。制作叉烧芡的主要材料如图6.28所示。

（2）叉烧芡的制作过程（图6.29）

①将生粉、粟粉和200克清水开成粉浆。

②将锅烧热，加少许油，将折成段的葱和拍扁的姜爆香，加入适量清水，煮沸，再加入生抽、老抽、蚝油、白糖煮溶解，捞起姜和葱。

③改慢火，将粉浆慢慢倒入，一边倒一边搅拌均匀。

④待表面起大泡时，加入色拉油搅拌均匀即可。

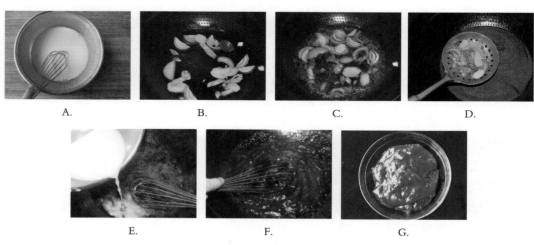

A.   B.   C.   D.

E.   F.   G.

图6.29 叉烧芡的制作过程

（3）制作叉烧包的材料（图6.30）

发面皮500克，叉烧肉200克，叉烧芡200克。

  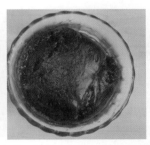

A.   B.   C.

图 6.30　制作叉烧包的材料

（4）叉烧包的制作过程（图 6.31）

①将叉烧肉切成粒，与叉烧芡混合成叉烧馅。

②将发面皮稍过压面机，卷起，出体每个重约 25 克。

③将皮开成中间厚四周薄的圆件，包上约 20 克叉烧馅，捏成雀笼形，均匀地摆放在已垫纸的蒸笼内。

④入蒸炉以猛火蒸 10 分钟即可。

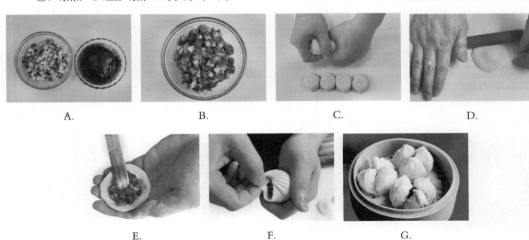

A.   B.   C.   D.

E.   F.   G.

图 6.31　叉烧包的制作过程

（5）叉烧包制作的关键

①半成品做好后宜马上蒸制，不要放在太热的地方，否则会影响半成品的碱度。

②蒸时必须用猛火，且中途不能打开笼盖，否则成品不爆口，起发差。

（6）叉烧包的品质要求

要求叉烧包成品（图 6.32）外表色泽洁白，质地绵软有弹性，爆口隆起自然，内部气孔细密均匀，食之皮料绵软甘香，馅料丰润，湿滑味美。

图 6.32　叉烧包成品

广式餐包皮品种及其创新

6.3.1 广式餐包皮

广东是中国面包的发源地,广式餐包皮也是中国最早西点的延展美食。广式餐包皮以小麦粉、酵母、鸡蛋等加水调制成面团,经发酵、成形、焙烤、冷却等过程加

图6.33 制作广式餐包皮的主要材料

工而成。在广式餐包内加入叉烧与特制酱汁,烤好后趁热在广式餐包表面刷上蜜糖,香气迷人,松软且富有弹性。在整个粤港地区的茶楼及中高档酒楼里,广式餐包已经成为必有的点心之一。

1)制作广式餐包皮的材料

高筋面粉500克,白糖125克,鸡蛋2只,牛油100克,酵母10克,纯牛奶50克,改良剂5克,清水200克。制作广式餐包皮的主要材料如图6.33所示。

2)广式餐包皮的制作过程(图6.34)

①将面粉过筛,开窝,放入牛油继续搓至纯滑。

②放入除牛油外的全部原料,拌匀并将白糖擦至全部溶解,埋粉,搓至成团。

③放入牛油充分搓匀成纯滑的面团。

  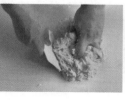 

A.   B.   C.   D.

图6.34 广式餐包皮的制作过程

3)广式餐包皮制作的关键

①正确控制加料顺序,不要过早加入牛油。

②正确判断搓制的程度,一般以拉开面团能形成均匀的面筋网为好。

③搓好面团后,最好静置一段时间再进行造型。

6.3.2 广式餐包皮品种及其创新

1)叉烧餐包

(1)制作叉烧餐包的材料(图6.35)

餐包皮500克,叉烧馅400克。

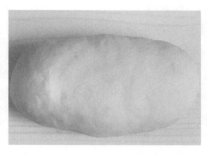

图 6.35　制作叉烧餐包的材料

（2）叉烧餐包的制作过程（图 6.36）

①将餐包皮过压面机至纯滑，卷起，出体每个 30 克大小。

②将体开成中间厚、四周薄的圆件。

③包入 20 克叉烧馅，并提成圆球形，接口向下摆放在已扫油的炕盘内。

④放入醒发箱发酵。

⑤入炉，以上火 230 ℃、下火 190 ℃炕约 10 分钟至色泽金黄即可。

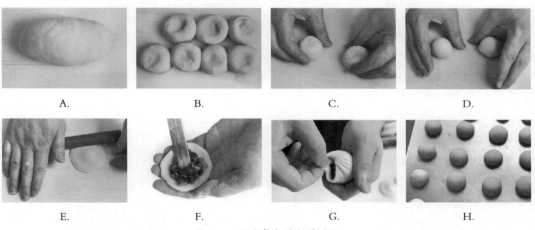

图 6.36　叉烧餐包的制作过程

（3）叉烧餐包制作的关键

①掌握好餐包的起发程度，不够则起发差，色泽不均匀，过久则包身下塌。

②控制好烤制的炉温。

（4）叉烧餐包的品质要求

要求叉烧餐包成品（图 6.37）表面色泽金黄，馅心正中，形格圆整，食之绵软有弹性，甘香可口。

图 6.37　叉烧餐包成品

图 6.38　制作油酥皮的主要材料

2）酥皮餐包

（1）制作油酥皮的材料

低筋粉 500 克，泡打粉 10 克，白糖 300 克，鸡蛋 1 只，黄油 150 克，白奶油 150 克，食粉 5 克，溴粉 5 克。制作油酥皮的主要材料如图 6.38 所示。

（2）油酥皮的制作过程（图 6.39）

①将低筋粉与泡打粉混合过筛后放在案台上，开窝。

②先加入黄油、白奶油与白糖充分搓匀，再加入其他材料搓匀，埋粉。

③用折叠手法折 3 ~ 4 次即可。

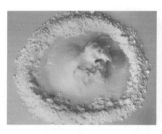

A.　　　　　　　　B.

图 6.39　油酥皮的制作过程

（3）油酥皮制作的关键

①必须使用折叠手法，避免面团生筋。

②酥皮搓好后可放入冰箱保存。

（4）制作酥皮餐包的材料（图 6.40）

餐包皮 500 克，菠萝馅 300 克，油酥皮 200 克，浓缩菠萝汁、速溶吉士粉等适量。

A.　　　　　　　　B.　　　　　　　　C.

图 6.40　制作酥皮餐包的主要材料

（5）酥皮餐包的制作过程（图 6.41）

①将菠萝粒、浓缩菠萝汁、速溶吉士粉混合成菠萝馅。

②将餐包皮过压面机至纯滑，卷起，出体每个 30 克大小。

③将体开成中间厚四周薄的圆件。

④包入 15 克的菠萝馅呈圆球形，接口向下摆放在已扫油的炕盘内。

⑤放入醒发箱静置发酵至够身。

⑥将酥皮出体每个 7.5 克大小。

⑦用拍皮刀将其拍成直径约 5 厘米的圆件。

⑧摆放在餐包半成品的上面。

⑨在酥皮上均匀地涂上一层鸡蛋液。

⑩入炉，以上火 220 ℃、下火 190 ℃烤约 10 分钟至表面色泽金黄即可。

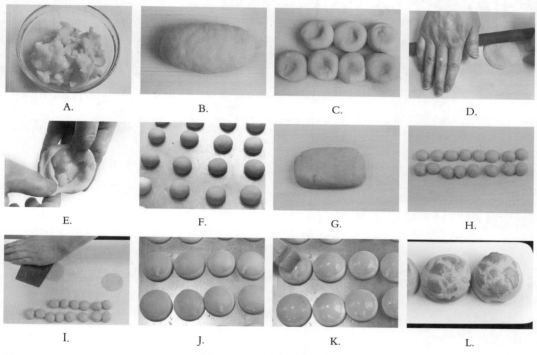

图 6.41　酥皮餐包的制作过程

（6）酥皮餐包制作的关键

①掌握好餐包的起发程度，不宜十成起发，否则容易塌身。

②酥皮不能拍得太厚，否则会造成包身下塌。

③控制好烤制的炉温。

（7）酥皮餐包的品质要求

要求酥皮餐包成品（图 6.42）表面色泽金黄，形格圆整，馅心正中，

图 6.42　酥皮餐包成品

酥皮有不规则的裂纹，食之表皮酥脆，内绵软，有弹性，馅料湿润软滑，突出菠萝香味，甘香可口。

糕品及米粉类品种制作技术

任务1 马蹄糕及其创新

马蹄糕是广东人逢年过节必备的食品，也是平时常吃的广东点心，还是广东地区传统的名小吃之一。马蹄糕品种多样，可甜可咸，可蒸可炸，可煎可焗。马蹄糕具有其他淀粉类糕点没有的特点。马蹄糕不仅具有马蹄特有的香味，而且色泽自然、光亮，手感柔韧有弹性，观感较为晶莹，口感软滑、有韧性，清香正气，这是其他淀粉类糕点所不可比拟的。

马蹄糕是马蹄粉的深加工食品。马蹄糕以优质马蹄粉为主要原料，配以白砂糖、牛奶、马蹄粒、红豆、眉豆、绿豆等为辅料，蒸制出含有不同辅料的糕点类食品。因此，马蹄糕又可以根据辅料的不同命名为红豆马蹄糕、眉豆马蹄糕、绿豆马蹄糕等。

7.1.1 泮塘马蹄糕

"细韧香滑马蹄糕，泮塘五秀样样好。"诗句形象地刻画了广州西关泮塘马蹄糕的特点及地位。泮塘马蹄糕晶莹透亮，质地柔韧且富有弹性，入口时软滑细嫩、清新爽口，并伴有甘甜清香之气。因为广东地处潮湿之地，天气炎热，而马蹄糕具有清热解毒、清肝明目的功效，所以深受广东民间的偏爱，并誉其为广东名牌点心。

1）制作泮塘马蹄糕的材料

马蹄粉 500 克，白糖 750 克，清水 2750 克，马蹄片等适量。制作泮塘马蹄糕的主要材料如图 7.1 所示。

2)泮塘马蹄糕的制作过程（图7.2）

①将马蹄粉倒入盆中，用900克清水开成粉浆，过滤备用。

②将300克白糖炒成金黄色，加入余下的清水和白糖，将糖全部煮溶解。

③取50克左右的粉浆放入糖水中使糖水成稀糊状，慢慢倒入马蹄粉浆中，一边倒一边搅，将粉浆烫成半生熟的稀糊状。

图 7.1　制作泮塘马蹄糕的主要材料

④倒入已扫油的9寸方盘中，撒上马蹄片，放入蒸炉用中火蒸约45分钟。

⑤凉冻后切件。

A.	B.	C.	D.
E.	F.	G.	H.

图 7.2　泮塘马蹄糕的制作过程

3)泮塘马蹄糕制作的关键

①根据天气的变化，将适量粉浆放入糖水中。天气热时，放入糖水中的粉浆宜少一些；天气冷时，可适当增加。

②掌握烫粉浆的熟度，不能过生或过熟。过生，则蒸时马蹄粉沉底，蒸出成品上层是水，下层很硬；过熟，则糕体不平滑。一般来说，稠度比炼奶稍稀，比牛奶稍稠，感觉呈糊状。如果放入马蹄片，呈半沉浮的状态。

③粉糊过生或过熟的补救方法：过生可采用隔水煮，一边煮一边快速搅拌；过熟可采用加入部分马蹄粉浆混合。

4)泮塘马蹄糕的品质要求

要求泮塘马蹄糕成品（图7.3）色泽浅金黄、透明，表面平整光滑，食之爽滑清甜。

7.1.2　马蹄糕创新品种

1)双色马蹄盏

（1）制作双色马蹄盏的材料

马蹄粉500克，白糖700克，炼奶200克，可可

图 7.3　泮塘马蹄糕成品

粉 20 克，清水 2750 克。制作双色马蹄盏的主要材料如图 7.4 所示。

（2）双色马蹄盏制作过程（图 7.5）

①将马蹄粉倒入盆中，用适量清水开成粉浆，过滤备用。

②将适量清水烧沸，加入白糖煮至溶解。

③取约 50 克粉浆放入糖水中使糖水变成稀糊

图 7.4　制作双色马蹄盏的主要材料

状，再慢慢倒入马蹄粉浆中，一边倒一边搅，将粉浆烫成半生熟的稀糊状。

④将烫好的粉浆一分为二，一份加入炼奶搅拌均匀，另一份加入可可粉搅拌均匀。

⑤将可可粉浆倒入菊花盏中一半满的位置，放入蒸炉用中火蒸 3 ~ 5 分钟使其熟透。

⑥拿出，先将炼奶粉浆倒入九至十成满的位置，再放入蒸炉用中火蒸 3 ~ 5 分钟使其熟透。

⑦凉冻后，将其从菊花盏中取出即可。

图 7.5　双色马蹄盏的制作过程

（3）双色马蹄盏制作的关键

①根据天气变化，将适量粉浆放入糖水中。天气热时，放入糖水中的粉浆宜少一些，天气冷时可适当增加。

②掌握好烫粉浆的熟度，不能过生或过熟。

③加入第一层时，要掌握好蒸制时间。时间过短，可可粉浆不熟，加入第二层时则混合在一起；时间过长，容易出现两层分离。

（4）双色马蹄盏的品质要求

要求双色马蹄盏成品（图7.6）呈双色，外表美观，品质光滑细腻，食之爽滑清甜，有炼奶与可可的味道。

图7.6　双色马蹄盏成品

图7.7　制作可可九层糕的主要材料

2）可可九层糕

（1）制作可可九层糕的材料

马蹄粉700克，白糖900克，炼奶300克，可可粉40克，清水3500克。制作可可九层糕的主要材料如图7.7所示。

（2）可可九层糕的制作过程（图7.8）

①将马蹄粉倒入盆中，用1000克清水开成粉浆，过滤备用。

②将剩余的清水烧沸，加入白糖煮至溶解。

③取100克左右的粉浆放入糖水中使糖水变成稀糊状，慢慢倒入马蹄粉浆中，一边倒一边搅，将粉浆烫成半生熟的稀糊状。

④将烫好的粉浆一分为二，一份加入炼奶搅拌均匀，另一份加入可可粉搅拌均匀。

⑤先将可可粉浆量的1/5倒入方盘中，放入蒸炉用中火蒸约3分钟使其凝固。

⑥将炼奶粉量的1/4倒入蒸炉，用中火蒸约3分钟使其凝固。

⑦加入1/5的可可粉浆，如此类推，直至加完，再蒸约8分钟即可。

⑧完全凉冻后倒出、切件即可。

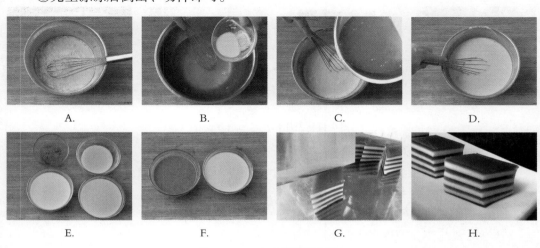

图7.8　可可九层糕的制作过程

（3）可可九层糕制作的关键

①根据天气的变化，将适量粉浆放入糖水中。天气热时，放入糖水中的粉浆宜少一些，天气冷时可适当增加。

②掌握烫粉浆的熟度，不能过生或过熟，粉浆可稍稀一些。

图 7.9　可可九层糕成品

③加入每一层时，要掌握好蒸制时间。时间过短，粉浆不熟，加入下一层时容易混合在一起；时间过长，则容易出现层与层分离。

（4）可可九层糕的品质要求

要求可可九层糕成品（图 7.9）呈现九层黑白相间的条纹状，且层次均匀，外表自然美观，品质光滑细腻，食之爽滑清甜。

3）橙汁拉皮卷

（1）制作橙汁拉皮卷的材料

马蹄粉 500 克，白糖 600 克，浓缩橙汁 300 克，清水 2300 克，白芝麻等适量。制作橙汁拉皮卷的主要材料如图 7.10 所示。

（2）橙汁拉皮卷的制作过程（图 7.11）

①烫粉浆同双色马蹄盏粉浆烫法，不同之处是稠度稍稠些。

②加入浓缩橙汁搅拌均匀。

③将方盘蒸热，取适量烫好的粉浆倒入并摊成薄薄的一层，放入蒸炉用中火蒸 2 ~ 3 分钟使其凝固后拿出。

图 7.10　制作橙汁拉皮卷的主要材料

④趁热在上面撒上少许炒香的白芝麻后卷起。

⑤凉冻后切件即可。

A.

B.

C.

D.

图 7.11　橙汁拉皮卷的制作过程

（3）橙汁拉皮卷制作的关键

①根据天气的变化，将适量粉浆放入糖水中，天气热时，放入糖水中的粉浆宜少一些，天气冷时可适当增加。

②掌握烫粉浆的熟度，烫制粉浆稍熟一些。

③卷时要趁热，凉冻后卷起易分离而呈不了卷状。

（4）橙汁拉皮卷的品质要求

要求橙汁拉皮卷成品（图7.12）呈橙色，半透明，外表美观，品质光滑细腻，食之爽滑清甜，突出橙汁味道。

图7.12　橙汁拉皮卷成品

任务2　粘米粉类品种制作技术

7.2.1　腊味萝卜糕

图7.13　制作腊味萝卜糕的主要材料

1）制作腊味萝卜糕的材料

粘米粉750克，马蹄粉500克，白萝卜4000克，清水2000克，腊肠200克，腊肉100克，虾米50克，精盐25克，鸡粉30克，白糖30克，胡椒粉6克，猪油200克。制作腊味萝卜糕的主要材料如图7.13所示。

2）腊味萝卜糕的制作过程（图7.14）

①将粘米粉与马蹄粉倒入盆中，用1000克清水开成粉浆备用。

②将白萝卜切成丝，将腊肠、腊肉分别切粒，与虾米一起爆香备用。

③将剩余的1000克清水倒入锅中，加入白萝卜煮至萝卜变软，加味料及少量粉浆拌匀。

④倒入粉浆中，搅拌均匀后加入腊肠、腊肉、虾米及猪油拌匀。

⑤倒入已扫油的9寸方盘中，放入蒸炉用中火蒸约60分钟。

⑥凉冻后切件，煎至两面呈金黄色或用180℃油温炸至色泽金黄即可。

A.　　　　　　　　B.　　　　　　　　C.

D.　　　　　　　　E.　　　　　　　　F.

图7.14　腊味萝卜糕的制作过程

图 7.15　腊味萝卜糕成品

3）腊味萝卜糕制作的关键

①根据天气的变化，将适量粉浆放入萝卜丝水中，天气热时少放或不放，天气冷时可多放。粉浆过生，有坠脚现象；粉糊过熟，则表面不平整。

②蒸制一定要熟透，可用竹签插入糕中间，拿出用手摸没有粉浆黏手表明已熟。

4）腊味萝卜糕的品质要求

要求腊味萝卜糕成品（图 7.15）外表色泽浅金黄，内部洁白，质地软中带爽，食之湿润香鲜，腊味配合浓郁的萝卜香味，风味别致。

7.2.2　五香芋头糕

1）制作五香芋头糕的材料

粘米粉 1100 克，粟粉 100 克，生粉 100 克，荔浦芋头 2000 克，腊肠 150 克，腊肉 150 克，白糖 40克，精盐 25 克，鸡粉 20 克，胡椒粉 7 克，麻油 30克，清水 3000 克，猪油 150 克。制作五香芋头糕的主要材料如图 7.16 所示。

图 7.16　制作五香芋头糕的主要材料

2）五香芋头糕的制作过程（图7.17）

①将粘米粉、粟粉、生粉倒入盆中，用 1500克清水开成粉浆备用。

②将芋头切成方粒，用 160 ℃的油温炸熟，腊肠、腊肉爆香备用。

③将剩余 1500 克清水倒入锅中，烧沸后加入少量粉浆拌匀。

④倒入粉浆中，搅拌均匀后加入芋头、腊肠、腊肉、味料及猪油拌匀。

⑤倒入已扫油的 9 寸方盘中，放入蒸炉用中火蒸约 60 分钟。

⑥凉冻后切件，煎至两面金黄色或用 180 ℃油温炸至色泽金黄即可。

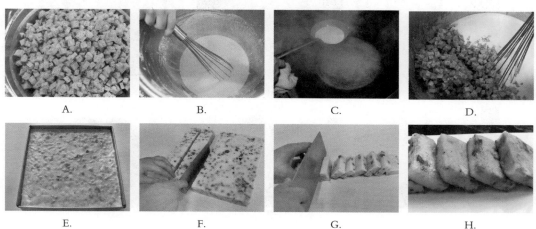

| A. | B. | C. | D. |
| E. | F. | G. | H. |

图 7.17　五香芋头糕的制作过程

3）五香芋头糕制作的关键

①根据天气的变化，将适量粉浆放入沸水中。天气热时少放或不放，天气冷时可多放。粉浆过生有坠脚现象，粉糊过熟则表面不平整。

②炸制时色泽不能太深。

4）五香芋头糕的品质要求

要求五香芋头糕成品（图7.18）外表色泽浅金黄，内部洁白，质地软中带爽，食之湿润香鲜，有腊味和浓郁的芋头香味。

图7.18　五香芋头糕成品

7.2.3　广式蒸肠粉

肠粉是广东地区最为常见一道大众化的小吃。由于其皮薄且晶莹剔透，吃起来鲜香满口、细腻爽滑深受广东消费者喜爱。目前，肠粉在广东十分畅销，上至星级酒店，下至茶楼、街头小吃店，肠粉均是必备之品。

肠粉起源于广州，早在清末，广州街头就已经听到肠粉的叫卖声。那时候，肠粉分咸、甜两种：咸肠粉的馅料主要有猪肉、牛肉、虾仁、猪肝等，甜肠粉的馅料则主要是糖浸的蔬果，再拌上炒香芝麻。肠粉的制作很简单：在大网筛子上铺一块白布，先将磨好的米浆浇在白布上，隔水蒸熟成粉皮，再在粉皮上放上馅料，卷成猪肠形，置于盘上，淋上熟色拉油、生抽、辣酱即可。

在制作形式上，广东肠粉根据设备的不同分为两种：第一种叫"布拉肠"，它是将调好的米浆放置于布上蒸制而成；第二种叫"抽屉式肠粉"，它是将调好的米浆放置于抽屉式的肠粉蒸柜中蒸制而成。

1）制作肠粉浆的材料

水磨粘米粉500克，生粉100克，粟粉50克，澄面50克，色拉油70克，精盐12克，清水1500克。制作肠粉浆的主要材料如图7.19所示。

图7.19　制作肠粉浆的主要材料

2）肠粉浆的制作过程（图7.20）

①将水磨粘米粉、生粉、粟粉、澄面混合过筛于盆中，加入色拉油充分搓匀，放在一边静置约30分钟使其充分渗透。

②加入清水、精盐搅拌均匀，成为纯滑细腻的粉浆。

A.

B.

C.

D.

图7.20　肠粉浆的制作过程

3)肠粉浆制作的关键

①加水量应随所用粉类的吸水量而灵活变化，太稀或太稠都会影响肠粉成品。太稀，肠粉成品会蒸不成形或形格不好；太稠，则肠粉成品会结块。

②调好的浆可静置一段时间使其充分渗透。

③调好的浆由于长时间放置会沉淀，因此，每次制作肠粉之前应充分搅拌均匀。

7.2.4 广式蒸肠粉品种举例

图 7.21 制作牛肉馅的主要材料

1)牛肉滑肠粉

（1）制作牛肉馅的材料

牛肉 500 克，食粉 3 克，枧水 3 克，精盐 10 克，白糖 10 克，胡椒粉 3 克，姜汁酒 15 克，生抽 10 克，麻油 10 克，马蹄粉 50 克，色拉油 30 克，清水 250 克。制作牛肉馅的主要材料如图 7.21 所示。

（2）牛肉馅的制作过程（图 7.22）

①将马蹄粉与清水调成粉浆。

②将牛肉剁碎，与食粉、枧水混合均匀，静置腌制约 30 分钟。

③将腌制后的牛肉加入精盐，向着一个方向打制起胶。

④加入其他味料拌打均匀。

⑤加入粉浆、色拉油拌匀即可。

A.　　　　　　　B.　　　　　　　C.　　　　　　　D.

图 7.22 牛肉馅的制作过程

（3）牛肉滑肠粉的制作过程（图 7.23）

①将肠粉柜中的肠粉盘蒸热后取出。

②趁热在里面均匀地装入一层肠粉浆并摊均匀。

A.　　　　　　　　　　　B.

图 7.23 牛肉滑肠粉的制作过程

③在上面放上牛肉馅。

④放入肠粉柜用猛火蒸约3分钟，待粉浆起大泡时取出，用刮刀卷起。

⑤用刮刀切件，上碟，调上汁料。

（4）牛肉滑肠粉制作的关键

①肠粉浆必须在盘中摊均匀，否则影响成品形格。

②蒸时必须用猛火，否则影响成品口感。

③蒸制时间不能过长，恰到好处即可。

④注意卷制的手法和速度，否则影响成品形格。

（5）牛肉滑肠粉的品质要求

要求牛肉滑肠粉成品（图7.24）晶莹剔透，色泽洁白，食之鲜香可口、细腻爽滑，馅料突出牛肉香味且爽滑细嫩。

图7.24 牛肉滑肠粉成品

2）鲜虾仁肠粉

（1）制作虾仁馅的材料

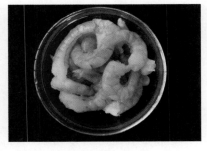

图7.25 制作虾仁馅的主要材料

鲜虾仁500克，食粉3克，枧水5克，精盐6克，白糖10克，生粉10克，麻油10克，色拉油15克，水等适量。制作虾仁馅的主要材料如图7.25所示。

（2）虾仁馅的制作过程（图7.26）

①鲜虾仁与食粉、枧水混合均匀后静置腌制约20分钟。

②用水冲洗，一直冲洗到虾肉手感干爽为止。

③捞起晾干或吸干水。

④加入其他味料拌打均匀。

A.　　　　　B.　　　　　C.　　　　　D.

图7.26 虾仁馅的制作过程

（3）鲜虾仁肠粉的制作过程（图7.27）

①将肠粉柜中的肠粉盘蒸热后取出。

②趁热在里面均匀地装入一层肠粉浆并摊均匀。

③在上面放上虾仁馅。

④放入肠粉柜用猛火蒸约3分钟，待粉浆起大泡时取出，用刮刀卷起。

⑤用刮刀切件，上碟，调上汁料。

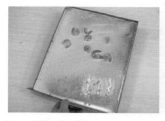

A.   B.

图 7.27   鲜虾仁肠粉的制作过程

（4）鲜虾仁肠粉制作的关键

①肠粉浆必须在盘中摊均匀，否则影响成品形格。

②蒸时必须用猛火，否则影响成品口感。

③蒸制时间不能过长，恰到好处即可。

④注意卷制的手法及速度，否则影响成品形格。

（5）鲜虾仁肠粉的品质要求

要求鲜虾仁肠粉成品（图 7.28）晶莹剔透，色泽洁白，食之鲜香可口，细腻爽滑，馅料突出虾仁香味且爽滑细嫩。

图 7.28   鲜虾仁肠粉成品

任务3   糯米粉类品种制作技术

糯米粉是广东点心制作中较为常用的一种原料，用糯米粉制作的品种以柔软、韧滑、香糯、皮脆而著称。在广东点心制作中，可用蒸、煮、煎、炸等不同的加温方法，制作出各式各样、丰富多彩的点心。如蒸制的各种年糕、雪花糯米糍等，煮制的各式汤圆，煎制的香煎棋子饼、煎薄罉等，炸制的香麻软枣、安虾咸水角、空心煎堆等均是以糯米粉为主料进行制作的。

7.3.1   糯米粉皮

1）制作糯米粉皮的材料

糯米粉 500 克，澄面 100 克，猪油 150 克，白糖 150 克，清水 500 克。制作糯米粉皮的主要材料如图 7.29 所示。

2）糯米粉皮的制作过程（图7.30）

①将澄面装入盆中，将 120 克清水烧沸，用沸水将澄面烫熟。

②将糯米粉过筛于案台上，开窝，倒入白糖及余下的清水，将白糖擦至全部溶解，加入烫熟的澄面及猪油充分搓匀。

图 7.29   制作糯米粉皮的主要材料

③埋粉，用擦的手法将其充分擦匀。

④放入冰柜，冰冻至完全凉透即可。

A.

B.

C.

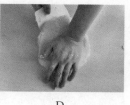
D.

图 7.30　糯米粉皮的制作过程

3）糯米粉皮制作的关键

①澄面需烫熟，否则糯米皮松散，造型易爆裂，影响成品质量。

②白糖必须全部溶解，否则成品表皮会出现黑点，影响成品形格。

③糯米皮制成后需放入冰柜冻凉后使用，否则猪油会外渗，影响成品质量。

7.3.2　糯米粉皮品种制作

1）香麻炸软枣

（1）制作香麻炸软枣的材料（图 7.31）

糯米粉皮 500 克，莲蓉馅 300 克，白芝麻约 100 克。

（2）香麻炸软枣的制作过程（图 7.32）

①将糯米皮出体每个约 25 克。

②每个糯米皮包入约 15 克的莲蓉馅呈圆球形。

③用手湿水搓圆后，在表面粘上一层白芝麻。

图 7.31　制作香麻炸软枣的材料

④搓圆并使芝麻不会脱离。

⑤将油烧至 140 ℃，放入麻枣，待其完全浮上油面后，升温到 160 ℃，一边炸一边搅动，直至其呈金黄色即可。

A.

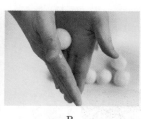
B.

C.

D.　　　　　E.

图 7.32　香麻炸软枣的制作过程

（3）香麻炸软枣制作的关键

①包馅造型时不宜搓制过多，否则猪油容易渗出，加温时芝麻容易脱落。

②加温时必须搅动，但不宜搅动过多，否则芝麻会脱落。

③控制好油温。油温过高，成品起发受影响且易外焦内不熟；油温过低，则皮易烂，馅料爆出。

（4）香麻炸软枣的品质要求

要求香麻炸软枣成品（图7.33）色泽金黄，白芝麻分布均匀，起发约为半成品体积的1.5倍大小，食之外皮松脆，内皮软糯，馅心正中。

图 7.33　香麻炸软枣成品

2）安虾咸水角

（1）制作安虾咸水角馅的材料

猪肉200克，马蹄100克，湿冬菇50克，韭黄50克，虾米50克，精盐5克，味精5克，生抽6克，白糖7克，生粉10克，五香粉1.5克，麻油10克。

（2）安虾咸水角馅的制作过程

①将猪肉、马蹄、湿冬菇、韭黄切粒，虾米浸水备用。

②将猪肉拉油，与马蹄、湿冬菇炒香，加入爆香的虾米。

③调味，勾芡，放包尾油，待冻后放入韭黄及五香粉拌匀即可。

（3）制作安虾咸水角的材料（图7.34）

糯米粉皮500克，咸水角馅300克。

图 7.34　制作安虾咸水角的材料

（4）安虾咸水角的制作过程（图7.35）

①将糯米皮出体每个约25克。

②每个糯米皮包入约15克的咸水角馅成榄核形。

③放入150 ℃油锅中，待全部浮上油面时，加热使油升温，用勺子不断地推搅，一直炸至色泽浅金黄即可。

A.　　　　　　　B.　　　　　　　C.　　　　　　　D.

图 7.35　安虾咸水角的制作过程

（5）安虾咸水角制作的关键

①糯米皮需擦至纯滑，否则造型时易裂开，影响成品的形格。

②造型时，馅汁不能外露，否则产品外表角边变黑。

③油温不能过高或过低，在炸制时要不断搅动，否则色泽分布不均匀。

（6）安虾咸水角的品质要求

要求安虾咸水角成品（图 7.36）色泽金黄，呈榄核形且形格饱满，表面有均匀珍珠泡，馅心正中，食之皮外脆内软，与馅料味道结合，咸甜并重，风味别致。

图 7.36　安虾咸水角成品

图 7.37　制作雪花糯米糍的材料

3）雪花糯米糍

（1）制作雪花糯米糍的材料（图 7.37）

糯米粉皮 500 克，豆沙馅 300 克，椰蓉约 100 克，红色车厘子 2 颗（切成粒）。

（2）雪花糯米糍的制作过程（图 7.38）

①将糯米皮出体每个约 25 克。

②每个糯米皮包入约 15 克的豆沙馅呈圆球形。

③放入扫油的眼板上，入炉用猛火蒸 7 分钟。

④取出后趁热在表面粘上一层椰蓉。

⑤在中间表面放上一粒红色车厘子装饰即可。

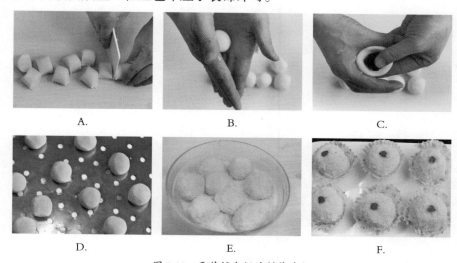

A.　　　　　　　　B.　　　　　　　　C.

D.　　　　　　　　E.　　　　　　　　F.

图 7.38　雪花糯米糍的制作过程

（3）雪花糯米糍制作的关键

①粘椰蓉时需趁热，凉后则很难粘上。

②蒸时应用猛火。

（4）雪花糯米糍的品质要求

要求雪花糯米糍成品（图7.39）色泽洁白，馅心正中，形格圆整，食之软糯甘香。

图7.39　雪花糯米糍成品

澄面皮类品种制作技术

澄面皮是以澄面（小麦淀粉）为主料，辅以适量的生粉，根据产品的不同调入盐或糖，经过沸水烫制而成的皮类。澄面皮是广东酒店及茶楼点心制作中必不可少的皮类之一。由于其烫熟后呈透明状，可塑性强，点心师们经常用其制作一些精致的点心，常见的如虾饺、鲜虾龙球饺、晶饼、潮州粉果、娥姐粉果、水晶包、水晶角等。澄面皮还可以制作出各式象形点心，如白兔饺、天鹅饺、金鱼饺等。

任务1　虾饺皮品种及其创新

虾饺始创于 20 世纪初广州市郊伍村五凤乡的一间家庭式小茶楼。相传当时的伍村很繁荣，一河两岸，河面经常有渔艇叫卖鱼虾。这家酒楼老板为了招徕顾客，别出心裁，收购当地出产的鲜虾，加上猪肉、笋等做馅料制成虾饺。当时虾饺皮厚不光亮，但因新奇、味道鲜美，赢得了食客的喜爱，不久便名扬广州，各大酒楼争相制售，经点心师的不断改良，将原料由面粉改成"澄粉"，形状由角形改成梳子形，细折封，每只不少于 12 折，呈弯梳状，美观得体，成为南粤名点。

8.1.1　虾饺皮

1）制作虾饺皮的材料

澄面 500 克，生粉 300 克，猪油 15 克，盐 5 克，清水 900 克。制作虾饺皮的主要材料如图 8.1 所示。

图 8.1　制作虾饺皮的主要材料

2）虾饺皮的制作过程（图8.2）

①先将澄面和生粉分别过筛，然后将生粉放在干净案板中备用，澄面中加入约50克生粉混合，用盆子装好备用。

②将清水烧沸加入盐，立马倒入装澄面的盆子里，用面棍快速搅拌。将澄面烫至九成熟，之后马上倒在放生粉的地方。用盆盖严实稍停一会儿后，全部生粉搓成团至纯滑，加入猪油搓匀，用干净毛巾盖好。

③出体重约10克，用拍皮刀将皮拍成直径为7厘米、厚薄基本一致的圆件，即成虾饺皮。

A.

B.

C.

D. E.

图 8.2 虾饺皮的制作过程

3）虾饺皮制作的关键

①必须选用优质的澄面。

②不宜用过多的生粉和澄面烫，否则过韧难以拍皮。如面团过韧，可加入适量生水；如不熟，可拿小部分烫生面蒸熟，和原来部分混合搓匀即可。

图 8.3 制作虾饺馅的主要材料

③水必须煮至大沸，否则澄面烫生，造成皮霉，包制半成品皮易穿。

④烫好的面团不宜长时间暴露在空气中，否则易翻生，表面易干裂。

8.1.2 虾饺皮品种及其创新

1）弯梳虾饺

（1）制作虾饺馅的材料

虾仁 500 克，肥肉 80 克，笋 100 克，精盐

8克，鸡精4克，味精2.5克，白糖8克，生粉30克，麻油10克，猪油25克，胡椒粉1.5克。制作虾饺馅的主要材料如图8.3所示。

（2）弯梳虾饺馅的制作过程（图8.4）

①将虾仁加入10克枧水和35克生粉拌匀，腌制约2个小时之后冲水至虾身硬且透明为止，吸干水备用。

②将肥肉及笋分别切成幼丝，并分别用沸水烫过，吸干水备用。

③先将虾仁加入精盐，向一个方向拌打至起胶黏性，然后加入辅料及余下味料，拌匀之后，加入胡椒粉、麻油、生粉，再次拌匀，接着加入猪油，拌匀，放入冰箱冰冻即可。

图8.4 虾饺馅的制作过程

（3）制作弯梳虾饺的材料（图8.5）

虾饺皮200克，虾饺馅300克。

（4）弯梳虾饺的制作过程（图8.6）

①将虾饺皮分成每个10克大小的剂子。

②用力搓圆并压扁。

③用拍皮刀在放了色拉油的布上拍上一层薄薄的油。

④将皮拍成直径为7厘米、厚薄均匀一致的圆件。

图8.5 制作弯梳虾饺的材料

⑤每个包入15克的虾饺馅。

⑥将其捏成弯梳形状的饺。

⑦入笼以猛火蒸制5分钟即可。

A.

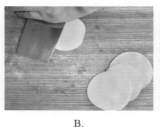
B.

C.

D.　　　　　　　E.

图 8.6　弯梳虾饺的制作过程

（5）弯梳虾饺制作的关键

①包制时，手的力度要控制好，否则容易造成成品背面裂开。

②包馅时，皮的边上不宜沾上馅汁，否则蒸出的成品有裂口。

③蒸时，要用猛火，否则表面及内部有白色的小点。

④蒸制时间不能过长，否则会爆裂，影响成品的外观质量。

（6）弯梳虾饺的品质要求

要求弯梳虾饺成品（图 8.7）外形美观，形似弯梳，饺皮呈半透明色，馅心色泽嫣红并隐约可见，食之爽口滑嫩，味道浓郁鲜美。

图 8.7　弯梳虾饺成品

2）鲜虾龙珠饺

（1）制作鲜虾龙珠饺的材料

虾饺皮 200 克，虾饺馅 300 克，熟咸蛋黄两只。制作鲜虾龙珠饺的主要材料如图 8.8 所示。

（2）鲜虾龙珠饺的制作过程（图 8.9）

①将虾饺皮分成每个约 12.5 克大小的剂子。

②将皮拍成直径为 8 厘米、厚薄均匀一致的圆件。

图 8.8　制作鲜虾龙珠饺的主要材料

③将圆件折成等边三角形。

④翻转后包入 15 克的虾饺馅。

⑤做成锥形，捏紧边并推出边纹。

⑥将原来折起的圆边翻出，在上面点上一小粒熟咸蛋黄装饰。

⑦入笼以猛火蒸制 5 分钟即可。

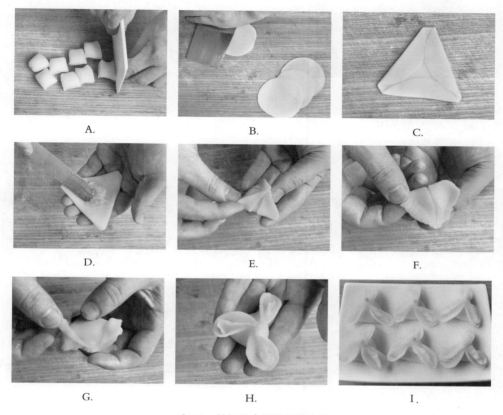

A.　　　　　　　　　B.　　　　　　　　　C.

D.　　　　　　　　　E.　　　　　　　　　F.

G.　　　　　　　　　H.　　　　　　　　　I.

图 8.9　鲜虾龙珠饺的制作过程

（3）鲜虾龙珠饺制作的关键

①折三角形时，一定要将有油的面折在里面，否则造型时圆边难以翻出。

②蒸时，火候必须是猛火。

（4）鲜虾龙珠饺的品质要求

要求鲜虾龙珠饺成品（图 8.10）呈等边锥形，边纹清晰，外形美观，外皮透明，馅心正中，食之爽口滑嫩，味道浓郁鲜美。

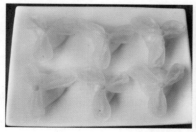

图 8.10　鲜虾龙珠饺成品

图 8.11 制作象形白兔饺的材料

③包入 15 克虾饺馅。
④捏出带花纹的白兔形状。
⑤猛火蒸制 5 分钟即可。

3）象形白兔饺
（1）制作象形白兔饺的材料（图 8.11）
虾饺皮 100 克，虾饺馅 300 克。
（2）象形白兔饺的制作过程（图 8.12）
①将虾饺皮分成每个 7 克大小的剂子。
②将皮拍成直径为 8 厘米、厚薄均匀一致的圆件。

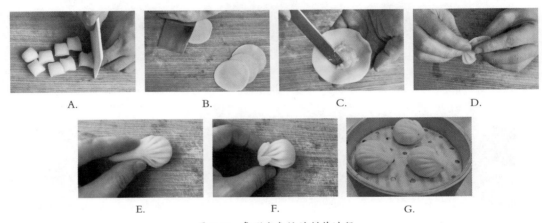

图 8.12 象形白兔饺的制作过程

（3）象形白兔饺制作的关键
①收口时，注意收紧并用力恰当，否则易变形。
②蒸时，火候必须是猛火。
（4）象形白兔饺的品质要求

要求象形白兔饺成品（图 8.13）外形美观，外皮透明，形似小白兔，馅心正中，食之爽口滑嫩，味道浓郁鲜美。

图 8.13 象形白兔饺成品

任务2 粉果皮品种及其创新

粉果是用淀粉包裹虾仁、猪肉等拌成的馅料，做成角形蒸制而成。皮薄白、爽软、半透明，可以看见角内的馅料，馅鲜美甘香。粉果品种历史悠久，明末清初，屈大均《广东新语》记载："以白米浸至半月，入白粳饭其中，乃舂为粉，以猪脂润之，鲜明而薄，以为外；茶蘼露、竹胎（笋）、肉粒、鹅膏满其中以为内，则与茶素相杂而行者也。

一名粉角。"现在，粉果一般采用澄面（小麦淀粉）为主料制作而成，市面上常见的粉果一般有娥姐粉果与潮州粉果两种。

8.2.1　娥姐粉果

娥姐粉果是广州的一种传统小吃。20 世纪 20—30 年代，广州西关某官僚雇的一个名叫亚娥的女佣，模样漂亮，聪明伶俐，能做几种细点。有一天，主人请客，让她做几样细点。她把晒干的大米饭磨成粉，用开水和面做皮，以炒熟的猪肉、虾、冬菇、竹笋末做馅，包好上笼蒸熟，称之为粉果，客人尝后，无不称奇。后来，广州各酒家、茶楼争相创名牌菜点以招徕客人，她被广州"茶香室"老板请去，为招徕顾客，特别为娥姐搞了个玻璃棚子，让娥姐坐在棚内制作粉果。顾客不仅可以品尝娥姐做的粉果，而且可以看看漂亮的娥姐如何做粉果，并起名为"娥姐粉果"。20 世纪 40 年代，茶香室歇业，娥姐的传人转至广州大同酒家，娥姐粉果也就成为广州大同酒家的招牌点心。20 世纪 50 年代以后，各大茶楼、酒家也把娥姐粉果作为茶点供应。娥姐粉果因此成为羊城美点之一。

1）制作娥姐粉果馅的材料

猪肉 250 克，虾肉 150 克，叉烧肉 100 克，沙葛或马蹄 100 克，湿冬菇 50 克，盐 6 克，味精 6 克，生抽 10 克，蚝油 5 克，白糖 7 克，胡粉 1.5 克，麻油 10 克，生粉 15 克，炒香花生 100 克，芫荽叶等适量。制作娥姐粉果馅的主要材料如图 8.14 所示。

2）娥姐粉果馅的制作过程（图8.15）

①将瘦肉、虾肉、叉烧肉、马蹄或沙葛切成细指甲片状、湿冬菇切粒、炒香花生碾碎备用。

图 8.14　制作娥姐粉果馅的主要材料

A.　　　　　　　　B.　　　　　　　　C.

D.　　　　　　　　E.

图 8.15　娥姐粉果馅的制作过程

②将猪肉、虾肉拉油，倒起备用。

③将所有料加入锅中炒匀，勾芡放上包尾油，倒起即可。

3）制作娥姐粉果皮的材料

澄面300克，生粉200克，精盐5克，猪油10克，清水700克。制作娥姐粉果皮的主要材料如图8.16所示。

图 8.16　制作娥姐粉果皮的主要材料

4）娥姐粉果皮的制作过程（图8.17）

①将澄面和50克左右的生粉混合装入盆子，剩余生粉备用。

②将清水烧沸加入盐，立马倒入装澄面的盆子里，用面棍快速搅拌，将澄面烫至九成熟，稍凉之后加入剩余生粉搓成团至纯滑，加入猪油搓匀即可。

A.

B.

C.

图 8.17　娥姐粉果皮的制作过程

5）娥姐粉果的制作过程（图8.18）

①将娥姐粉果皮分成每个15克大小的剂子。

②将圆压扁并用酥棍开成中间厚、四周薄的圆件。

③用生粉做粉焙，将3～5件圆件皮叠起，用双手由内向外捏成窝形。

A.

B.

C.

D.

E.

F.

图 8.18　娥姐粉果的制作过程

④包入 20 克粉果馅，在一边放入少许蟹黄和一片芫荽叶，捏成榄核形。

⑤入笼，放入已扫油的干荷叶上，在表面扫上薄薄的一层油，用猛火蒸 3 ~ 4 分钟即可。

6）娥姐粉果制作的关键

①粉果馅忌水多、油多、粉多、芡多，否则馅料松散，颜色不鲜明。

②捏口要用食指肚捏，忌用手指甲及手指尖捏，否则会显得粗糙。

③蒸时忌时间太久，否则易裂口。

7）娥姐粉果的品质要求

要求娥姐粉果成品（图 8.19）外表呈榄核形，晶莹透明，食之馅料有汁，润滑味香。

图 8.19　娥姐粉果成品

8.2.2　潮州粉果

20 世纪 80 年代，广州老一辈点心大师何世晃先生与罗坤大师一起走访潮汕，发现潮汕只有"粉粿"，根本没有什么潮州粉果。后来得知潮州粉果出自香港，原是旅港的潮州人士因思念家乡而创作并命名的。潮州粉果是用澄面和生粉为主料制皮，馅料内有潮州萝卜条、炸花生等，与娥姐粉果的最大区别在于造型呈鸡冠形且皮相对较厚。

图 8.20　制作潮州粉果馅的主要材料

1）制作潮州粉果馅的材料

猪肉 250 克，沙葛或马蹄 50 克，湿冬菇 30 克，潮州萝卜条 50 克，虾米 20 克，韭菜 100 克，炒香花生 50 克，盐 5 克，味精 6 克，生抽 10 克，蚝油 5 克，白糖 7 克，胡粉 1.5 克，麻油 10 克，生粉 15 克。制作潮州粉果馅的主要材料如图 8.20 所示。

2）潮州粉果馅的制作过程（图8.21）

①分别将猪肉、萝卜条、马蹄、冬菇、韭菜切成中粒，将花生碾成粒状备用。

②猪肉拉油，倒起备用。

③将萝卜条与虾米爆香，放入除韭菜外的其他料炒匀，勾芡放上包尾油，之后放入韭菜炒匀，待冻，放入花生粒拌匀即可。

A.

B.

C.

D.

图 8.21　潮州粉果馅的制作过程

图 8.22　制作潮州粉果皮的主要材料

3）制作潮州粉果皮的材料（图8.22）

澄面 250 克，生粉 250 克，精盐 10 克，猪油 15 克，清水 850 克。制作潮州粉果皮的主要材料如图 8.22 所示。

4）潮州粉果皮的制作过程（图8.23）

①将澄面与 100 克生粉混合过筛，与精盐一起放入盆子中，剩余生粉备用。

②将清水烧沸，倒入盆中快速搅拌烫制。

③稍凉后，加入剩余生粉搓匀，加入猪油搓匀即为潮州粉果皮。

A.

B.

C.

图 8.23　潮州粉果皮的制作过程

5）潮州粉果的制作过程（图8.24）

①将潮州粉果皮出体每个约 20 克大小。

②压薄后拍成直径约 9 厘米的圆件。

③包入 20 克的粉果馅。

④造型为鸡冠形。

⑤入笼以猛火蒸 4 分钟左右即成。

A.

B.

C.

D.

E.

图 8.24　潮州粉果的制作过程

6）潮州粉果制作的关键

①韭菜不宜过早放入且不宜炒制时间过长，过早放入馅会出水。

②造型时，应注意两手配合，收口处要收紧，否则产品易裂口。

③控制好蒸制的时间，蒸制太久接口会裂开。

7）潮州粉果的品质要求

要求潮州粉果成品（图8.25）外表呈鸡冠形，晶莹透明，食之皮料软韧，馅料润滑味香。

图8.25 潮州粉果成品

任务3 晶饼皮品种及其创新

晶饼也叫水晶饼，是广东较为传统的一款点心。晶饼外表晶莹剔透，饼内馅料隐约可见。一般包入各种口味的甜馅，以旺火蒸之，成品晶莹通透，与各种颜色的馅心相映生辉，十分诱人，成为一种极具特色的甜点。

8.3.1 晶饼皮

图8.26 制作晶饼皮的主要材料

1）制作晶饼皮的材料

澄面400克，生粉200克，白糖200克，猪油10克，清水850克。制作晶饼皮的主要材料如图8.26所示。

2）晶饼皮的制作过程（图8.27）

①将澄面与50克生粉混合过筛，与精盐一起放入盆子中，剩余生粉备用。

②将清水烧沸，倒入盆中快速搅拌烫制。

③稍凉后，加入剩余生粉搓匀，分3次加入白糖，每加一次待搓纯滑后再加另一次，最后加入猪油搓匀即为晶饼皮。

A.

B.

C.

图8.27 晶饼皮的制作过程

3）晶饼皮制作的关键

①制作时，不宜用过多的生粉和澄面烫，否则过韧难以造型。

②水必须煮至大沸，否则澄面太黏，难以造型。

③烫好的面团不宜长时间暴露在空气中，否则易翻生，表面易干裂。

8.3.2　晶饼皮品种及其创新

1）莲子蓉晶饼

图 8.28　制作莲子蓉晶饼的材料

（1）制作莲子蓉晶饼的材料（图 8.28）

晶饼皮 300 克，莲蓉馅 200 克。

（2）莲子蓉晶饼的制作过程（图 8.29）

①将晶饼皮分成每个 20 克大小的剂子。

②将剂子搓圆压扁，包入 10 克的莲蓉馅。

③压入晶饼模中。

④打出后，放在已经扫油的眼板上，并在上面扫上一层薄薄的生油。

⑤入笼以猛火蒸制 5 分钟即可。

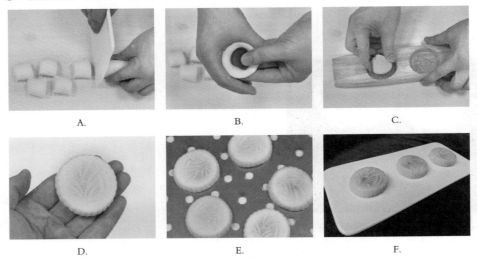

图 8.29　莲子蓉晶饼的制作过程

（3）莲子蓉晶饼制作的关键

①晶饼皮宜趁热操作，凉冻后皮韧难以造型。

②蒸时火候必须是猛火。

（4）莲子蓉晶饼的品质要求

要求莲子蓉晶饼成品（图 8.30）外形美观，晶莹透亮，花纹清晰，形状平整，馅心正中，食之软韧带爽，口味清甜。

图 8.30　莲子蓉晶饼成品

2）水晶花

（1）制作水晶花的材料（图 8.31）

晶饼皮 500 克，奶皇馅 150 克，红色车厘子 2 颗（切成粒）。

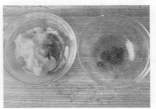

A.   B.

图 8.31   制作水晶花的材料

（2）水晶花的制作过程（图 8.32）

①将晶饼皮分成每个 20 克大小的剂子。

②将剂子搓圆压扁，包入 10 克奶皇馅。

③用花钳在周边钳出花纹。

④在最上面放上一粒红色车厘子装饰。

⑤放入已经扫油的眼板上，在表面扫上一层薄薄的生油。

⑥入笼以猛火蒸制 5 分钟即可。

A.   B.   C.   D.

图 8.32   水晶花的制作过程

（3）水晶花制作的关键

①面团宜趁热操作，凉冻后皮韧难以造型。

②钳制花边必须均匀，且尽量钳薄，这样蒸出的成品才美观。

③蒸时火候必须是猛火。

（4）水晶花的品质要求

要求水晶花成品（图 8.33）外形美观，色泽晶莹透亮，形似梅花，馅心正中，口味清甜甘香，突出奶皇馅香味。

图 8.33   水晶花成品

3）象形天鹅饺

（1）制作象形天鹅饺的材料

晶饼皮 500 克，奶皇馅 150 克，黑芝麻等适量。制作象形天鹅饺的主要材料如图 8.34 所示。

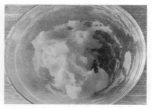

A.   B.

图 8.34　制作象形天鹅饺的主要材料

（2）象形天鹅饺的制作过程（图 8.35）

①将晶饼皮分成每个 15 克大小的剂子。

②将剂子搓圆压扁，包入 7 克奶皇馅。

③包出两短一长的 3 个角出来。

④用手推出翅膀，做成天鹅形状。

⑤放入已扫油的眼板上，在表面扫上一层薄薄的生油。

⑥入笼以猛火蒸制 3 ~ 4 分钟即可。

A.   B.   C.

D.   E.

图 8.35　象形天鹅饺的制作过程

（3）象形天鹅饺制作的关键

①造型时应有不同的形状，以显得生动。

②蒸时火候必须是猛火。

（4）象形天鹅饺的品质要求

要求象形天鹅饺成品（图 8.36）外形美观，形似天鹅，色泽晶莹透亮，馅心正中，口味清甜甘香，突出奶皇馅香味。

图 8.36　象形天鹅饺成品

项目 **9**

油酥类品种制作技术

层酥类品种及其创新

层酥类产品是油水皮和油心经加工结合制成的具有体积疏松、层次多样、口味酥香、营养丰富的广东点心制品。层酥类产品的制作是在具有一定筋韧性的面团内（水皮）包入油脂（油心），经擀制、折叠后形成的具有多层油脂与面皮相间层次的面团，此面团成形后一经加温，面团中的水分受热后产生水汽胀力，自下而上将面皮层层托起，待水分完全蒸发时，层酥类产品的体积可膨胀为原先的数倍大小，从而形成疏松多层的组织结构。其中，水皮是以面粉、水、油为原料调制而成的面团，根据制品的要求和用途可添加鸡蛋、牛奶、饴糖等。水皮具有一定的筋性、良好的可塑性和延伸性。油心则是全部用面粉与油脂调制而成的面团，没有筋力，起酥性良好。根据层酥类产品外观特点的不同又分为明酥、暗酥、半暗酥 3 种类型。

9.1.1 岭南酥皮

岭南酥皮是广东点心制作中的一种特色皮类，除了用于制作常见的点心品种如岭南蛋挞、椰挞、叉烧酥等品种之外，也是许多创新类点心首选的皮类，如萝卜酥、榴莲酥、芒果酥等。举不胜举的层酥类产品都是采用这种皮类制作。层酥类产品也是点心师们参加点心大赛的首选皮类。

1）制作岭南酥皮的材料

（1）制作水皮的材料

高筋面粉 400 克，低筋面粉 600 克，白糖 100 克，蛋黄 150 克，猪油 200 克，清水 500 克。

（2）制作油心的材料

低筋面粉 900 克，薯粉 100 克，起酥油 300 克，猪油 800 克。

制作岭南酥皮的主要材料如图9.1所示。

A.   B.

图 9.1 制作岭南酥皮的主要材料

2）岭南酥皮的制作过程（图9.2）

①制作水皮。先将面粉过筛于案台上，开窝，加入白糖、清水、蛋黄充分搓匀后，埋粉，搓至成团状时，加入猪油搓至充分纯滑、有良好的筋韧性即可，然后放入冰柜静置松筋。

②作油心制作。油心的所有材料混合均匀，用擦制手法擦制纯滑后，用保鲜纸包起，整形成方体状，入冰柜冰至稍硬。

③将水皮开薄成厚约1厘米的长方体，将油心整成水皮的一半大小，将油心放在水皮一边或放在水皮中间。

④包大酥。将水皮包起油心，边缘及接口用力捏紧。

⑤开大酥。用桶槌从中间向两端开出，将其开成厚约1厘米的长方体，由两边向中间折起，折成一个"四折"形状。放入冰柜冻稍硬后，再折一个"四折"即可。

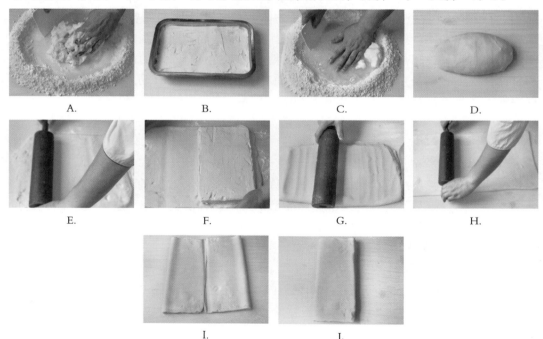

A.   B.   C.   D.

E.   F.   G.   H.

I.   J.

图9.2 岭南酥皮的制作过程

3）岭南酥皮制作的关键

①水皮与油心的软硬度基本一致，否则影响酥层的均匀度。

②油心不要冻得太硬，否则开酥时油心爆裂，分布不均。

③每次折叠后，要放入冰柜冰冻至稍硬，否则容易出现油心爆出。

④开酥时用力要均匀一致，这也是酥层均匀的保障。

4）岭南酥皮的品质要求

要求岭南酥皮成品（图9.3）表面光洁，厚薄均匀一致，油心与皮层结合紧密且分布均匀，切开横截面层次均匀一致。

图9.3 岭南酥皮成品

9.1.2 岭南酥皮品种及其创新

1）岭南蛋挞

蛋挞，原是欧洲传来的产品，它是欧洲普遍的家庭甜品之一，英国人称之为"Custard Tart"。Custard是鸡蛋、奶及糖混合制成的软冻，称之为"蛋"，Tart则取其音叫"挞"。据香港业余历史学者吴昊考证，20世纪20年代的广州，各大百货公司竞争激烈，为了吸引顾客，百货公司的厨师每周都会设计一款"星期美点"招徕顾客，蛋挞正是这个时候出现在广州的。蛋挞在广东的种类非常多，蛋挞与大多数糕点最大的不同在于尽可能热食，凉冻之后则失去其特有的口感。

图9.4 制作蛋挞馅的主要材料

（1）制作蛋挞馅的材料

白糖250克，纯牛奶150克，鸡蛋400克，吉士粉15克，醋精几滴，清水500克。制作蛋挞馅的主要材料如图9.4所示。

（2）蛋挞馅的制作过程（图9.5）

①将清水烧沸，加入白糖溶解，放在一边至完全冷却。

②加入纯牛奶、鸡蛋、吉士粉、醋精搅拌均匀。

③过滤，使用前再搅拌均匀。

A.   B.   C.   D.

图9.5 蛋挞馅的制作过程

（3）制作岭南蛋挞的材料（图9.6）

岭南酥皮1块，蛋挞馅适量。

A.   B.

图9.6　制作岭南蛋挞的材料

（4）岭南蛋挞的制作过程（图9.7）

①将岭南皮开薄至0.5厘米。

②用花型印模印出。

③放入冰柜冻至稍硬，拿出捏于蛋挞盏内。

④先将捏好的盏放入冰柜，冻硬，再均匀地放入烤盘内。

⑤倒入蛋挞水约八成满。

⑥入炉以上火250℃、下火270℃烤约12分钟至蛋挞水完全凝固后即可。

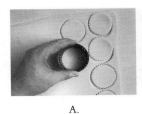

A.   B.   C.   D.

图9.7　岭南蛋挞的制作过程

（5）岭南蛋挞制作的关键

①捏好的蛋挞盏放入冰柜静置的时间要充足，否则烤出的蛋挞皮会收缩。

②捏盏的厚薄要均匀一致，不能太厚，也不能捏穿孔，否则会影响蛋挞整体效果。

③注意蛋挞的熟度，蛋挞水刚好凝固即可，过久蛋挞馅会收缩。

（6）岭南蛋挞的品质要求

要求岭南蛋挞成品（图9.8）外形完整，皮层次分明，馅心凝结，光亮平整，食之酥松，甘香可口。

图9.8　岭南蛋挞成品

2）岭南椰挞

（1）制作岭南椰挞馅的材料

麦芽糖30克，白糖700克，椰蓉400克，牛油300克，纯牛奶150克，鸡蛋350克，吉士粉50克，低筋面粉250克，泡打粉20克，清水500克。制作岭南椰挞馅的主要材料如图9.9所示。

（2）岭南椰挞馅的制作过程（图9.10）

①将清水烧沸，加入白糖、牛油、椰蓉，煮至转透明色，放在一边至完全冷却。

②加入纯牛奶、鸡蛋、吉士粉、低筋面粉搅拌均匀。

③使用前，加入泡打粉搅拌均匀。

图9.9　制作岭南椰挞馅的主要材料

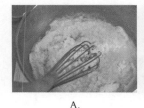   

A.　　　　　　　B.　　　　　　　C.　　　　　　　D.

图9.10　岭南椰挞馅的制作过程

（3）制作岭南椰挞的材料

岭南酥皮1块，椰挞馅适量，红色车厘子几颗（切成粒）。制作岭南椰挞的主要材料如图9.11所示。

（4）岭南椰挞的制作过程（图9.12）

①将岭南皮开薄至0.5厘米。

②用花型印模印出。

③放入冰柜冻至稍硬，拿出捏于蛋挞盏内。

④先将捏好的盏放入冰柜，冻硬，再均匀地放入烤盘内。

图9.11　制作岭南椰挞的主要材料

⑤倒入椰挞馅约八成满，在上面放上一粒红色车厘子。

⑥入炉以上火210 ℃、下火230 ℃烤约15分钟至色泽金黄即可。

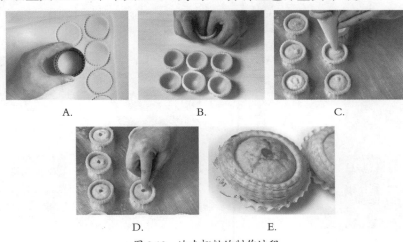

A.　　　　　　　B.　　　　　　　C.

D.　　　　　　　E.

图9.12　岭南椰挞的制作过程

图 9.13　岭南椰挞成品

（5）岭南椰挞制作的关键

①捏好的椰挞盏放入冰柜静置的时间要足够，否则烤出的椰挞皮会收缩。

②捏盏的厚薄要均匀一致，不能太厚，也不能捏穿孔，否则影响椰挞整体效果。

（6）岭南椰挞的品质要求

要求岭南椰挞成品（图 9.13）外形美观，皮层次分明，馅心色泽金黄，食之酥松，甘香可口并突出椰蓉香味。

3）岭南叉烧酥

（1）制作岭南叉烧酥的材料（图 9.14）

岭南酥皮 1 块，叉烧馅适量。

（2）岭南叉烧酥的制作过程（图 9.15）

①将岭南皮开薄至 0.4 厘米。

②用刀切成长 7 厘米、宽 5 厘米的长方形，或用直径为 7 厘米的光圈盖出圆件。

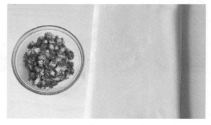

图 9.14　制作岭南叉烧酥的材料

③放入冰柜冻至稍硬。

④造型 1：将叉烧馅放在长方形皮坯中间，皮边缘扫鸡蛋液，折成条形，折口向下，两边用刀背压出条纹，均匀地摆放在烤盘内。

⑤造型 2：将叉烧馅放在长方形皮坯中间，折成三角形，折口捏紧并向下，均匀地摆放在烤盘内。

⑥在表面均匀地涂上一层鸡蛋液，并撒上少许白芝麻做装饰。

⑦入炉以上火 220 ℃、下火 200 ℃烤约 15 分钟至色泽金黄即可。

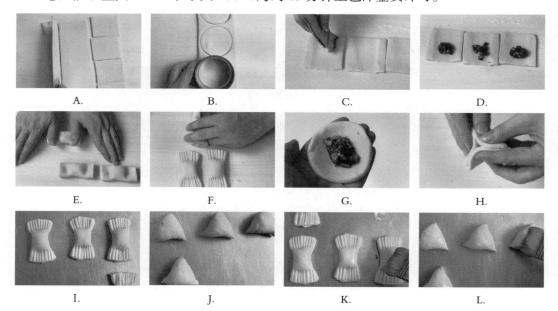

A.　　　　　　　B.　　　　　　　C.　　　　　　　D.

E.　　　　　　　F.　　　　　　　G.　　　　　　　H.

I.　　　　　　　J.　　　　　　　K.　　　　　　　L.

M.   N.

图 9.15　岭南叉烧酥的制作过程

（3）岭南叉烧酥制作的关键

①皮的厚薄要控制好，太厚会影响形格，太薄酥层不明显。

②表面涂蛋要均匀，否则会造成色泽不均匀。

（4）岭南叉烧酥的品质要求

要求岭南叉烧酥成品（图 9.16）外形呈山形或三角形，外形美观，色泽金黄，外皮层次分明，馅心汁液丰富，食之口感松酥，香味浓郁。

图 9.16　岭南叉烧酥成品

4）萝卜酥

萝卜酥是广东的一款风味名点。据说，粤东毗邻闽西蕉岭一带的山区，人们除了自种瓜果蔬菜外，尤其喜爱吃上杭萝卜。上杭萝卜有红萝卜、白萝卜两种，质地鲜嫩、清脆、甘甜，既可以用清炖、油炸、炒等方法烹制，又可以用白糖、醋酸腌制作为宴席冷碟，还可以将萝卜加上多种肉料制成馅心，用于制作甘脆味美的点心。萝卜酥就是其中的一款点心。萝卜酥具有咸香酥脆、馅心软滑可口、外形饱满、表面螺旋清晰美观等特点，一直畅销于闽南粤地区。

（1）制作萝卜馅的材料

白萝卜 500 克，粟粉 30 克，火腿 20 克，腊肠 20 克，腊肉 20 克，精盐 4 克，鸡粉 3 克，胡椒粉 1 克，葱花 10 克，麻油 10 克。制作萝卜馅的主要材料如图 9.17 所示。

（2）萝卜馅的制作过程（图 9.18）

①将白萝卜切成细丝，腊肠、腊肉、火腿切粒放入锅中爆香备用。

②将白萝卜丝加入锅中用适量清水煮至色泽稍透明。

③捞出沥干水，趁热加入粟粉拌匀，再加入爆香的腊肠、腊肉及火腿粒。

图 9.17　制作萝卜馅的主要材料

④加入剩余的其他材料拌匀即可。

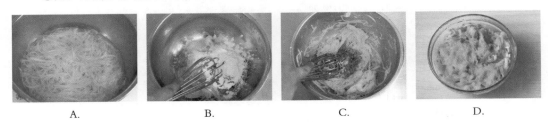

A.　　　　B.　　　　C.　　　　D.

图9.18　萝卜馅的制作过程

图9.19　制作萝卜酥的主要材料

（3）制作萝卜酥的材料

岭南酥皮1块，萝卜馅、鸡蛋液等适量。制作萝卜酥的主要材料如图9.19所示。

（4）萝卜酥的制作过程（图9.20）

①将岭南皮开薄至0.7厘米厚。

②用刀切出宽5厘米的长方体5条。

③表面刷上鸡蛋液，依次将5条面皮叠起，用保鲜膜封好，放入冰柜冻硬。

④将冻好的面皮斜切出0.5厘米厚的件头。

⑤将其开成中间稍厚、四周薄的皮坯，用光钑钑出。

⑥在表面扫上一层鸡蛋液，依顺纹包上15克萝卜馅成猪腰形。

⑦将半成品均匀地摆到笊篱里，用150℃左右的油温炸至色泽金黄即可。

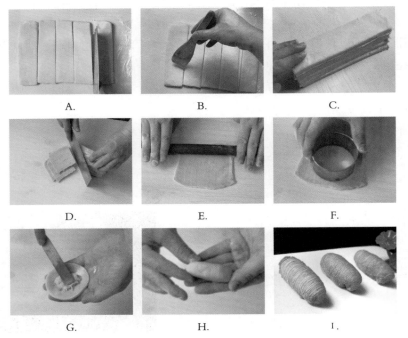

A.　　　　B.　　　　C.

D.　　　　E.　　　　F.

G.　　　　H.　　　　I.

图9.20　萝卜酥的制作过程

（5）萝卜酥制作的关键

①白萝卜煮后一定要沥干水。

②叠起时，扫蛋水不能太多，否则很难粘连，加温时影响成品色泽。

③切件后，需稍待解冻方可开体，以免断裂影响成品的层次感。

④控制好油温，油温过低易裂开，油温过高则层次不分明，影响成品质量。

（6）萝卜酥的品质要求

要求萝卜酥成品（图 9.21）外形美观，色泽金黄，层次分明，食之外皮入口即化，馅心软滑可口，味道鲜美。

图 9.21 萝卜酥成品

9.1.3 水油酥皮

水油酥皮是中式古老的酥饼皮之一。如在广东负有盛名的嫁女饼、皮蛋酥和潮州老婆饼等，都是采用水油酥皮制作的。这种皮的特点是松酥、甘香、有层次。

1）制作水油酥皮的材料

（1）水皮材料

高筋面粉 200 克，低筋面粉 300 克，白糖 50 克，猪油 150 克，清水 220 克。

（2）油心材料

低筋面粉 350 克，猪油 180 克。

制作水油酥皮的主要材料如图 9.22 所示。

A.   B.

图 9.22 制作水油酥皮的主要材料

2）水油酥皮的制作过程（图9.23）

①将水皮面粉过筛于案台上，开窝，加入白糖与清水搓至白糖全部溶解，埋粉，搓成团后加入猪油搓至纯滑即为水皮。

②将油心中的低筋面粉过筛后与猪油混合均匀，用擦制的手法将其擦制成细滑的面团即为油心。

③依照不同产品的规格，将水皮与油心按 1：1 的比例划分。

④包小酥：用一份水皮包上一份油心呈圆球形，接口向上放置。

⑤开小酥：用手指在上面稍压，用酥棍将其开成长椭圆形，卷起后再折三折即为水油酥皮。

图 9.23　水油酥皮的制作过程

3）水油酥皮制作的关键

①油心与水皮的软硬度要基本一致。油心硬水皮软时，油心分布不均；油心软水皮硬时，油心会爆出，均会影响成品的层次。

②每一过程均宜静置一段时间后再操作。

③开小酥时应注意手法，且用力要均匀。

9.1.4　水油酥皮品种及其创新

1）五彩皮蛋酥

图 9.24　制作五彩皮蛋酥的主要材料

（1）制作五彩皮蛋酥的材料

水油酥皮 16 件，皮蛋 2 只，莲蓉馅 400 克，苏姜 30 克，白芝麻、酒、吉士粉、鸡蛋液等少许。制作五彩皮蛋酥的主要材料如图 9.24 所示。

（2）五彩皮蛋酥的制作过程（图 9.25）

①将每只皮蛋切成 8 份，加少许酒及吉士粉稍作腌制，酥姜切片。

②将水油酥皮开薄成直径约 6 厘米的圆件。

③包入 25 克莲蓉馅，放入一块皮蛋及苏姜。

④先包成圆球形，再整成椭圆形，均匀地摆放在已经扫油的炉盘中。

⑤在表面均匀地刷上一层鸡蛋液，撒上少许白芝麻做装饰。

⑥入炉以上火 190 ℃、下火 170 ℃炕约 25 分钟至色泽金黄即可。

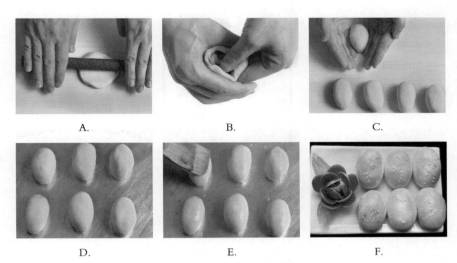

| A. | B. | C. |
| D. | E. | F. |

图 9.25　五彩皮蛋酥的制作过程

（3）五彩皮蛋酥制作的关键

①包馅造型时，不宜旋转过多，以免造成面皮过薄，炕时易爆裂。

②装饰白芝麻不能撒得过多，否则会影响产品外表质量。

③掌握炕制炉温及色泽，颜色不宜太深。

（4）五彩皮蛋酥的品质要求

图 9.26　五彩皮蛋酥成品

要求五彩皮蛋酥成品（图 9.26）表面色泽金黄，形格饱满，呈椭圆形，内部酥层分明，食之外皮酥松可口，内馅突出皮蛋酥姜味，甘香可口。

2）咸蛋酥

（1）制作咸蛋酥的材料

图 9.27　制作咸蛋酥的主要材料

水油酥皮 16 件，咸蛋黄 16 个，莲蓉馅 320 克，鸡蛋液等适量。制作咸蛋酥的主要材料如图 9.27所示。

（2）咸蛋酥的制作过程（图 9.28）

①将咸蛋黄先烤至八成熟，备用。

②将水油酥皮开薄成直径约 7 厘米的圆件。

③包入 20 克压扁的莲蓉馅，再放入一个熟咸蛋黄。

④包成圆球形，均匀地摆放在已经扫油的炕盘中。

⑤在表面均匀地刷上一层鸡蛋液。

⑥入炉以上火 190 ℃、下火 170 ℃炕约 20 分钟至色泽金黄即可。

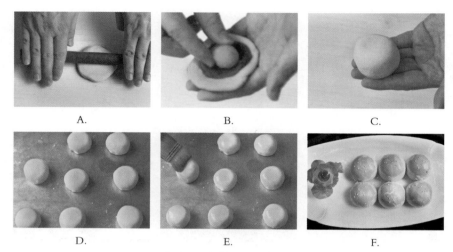

A.	B.	C.
D.	E.	F.

图 9.28　咸蛋酥的制作过程

图 9.29　咸蛋酥成品

（3）咸蛋酥制作的关键

①咸蛋黄不宜烤得过熟，要凉冻后才可包入，否则蛋黄易破碎。

②包馅造型时不宜旋转过多，以免造成面皮过薄，炕时易爆裂。

③掌握炕制炉温及色泽，颜色不宜太深。

（4）咸蛋酥的品质要求

要求咸蛋酥成品（图 9.29）表面色泽金黄，呈圆球形，蛋黄正中，表面有酥层泛起，内有层次，食之酥口甘香，突出咸蛋黄香味。

3）老婆饼

因为老婆饼起源于广东潮州，所以又称"潮州老婆饼"。老婆饼以其酥松的口感，甘香的滋味而受到许多人喜爱。但老婆饼最吸引人的地方在于它温馨的名字和那段感人至深的传说。

相传在广州，有一间创办于清朝末年的老字号茶楼，以各式点心及饼食闻名。茶楼里一位来自潮州的点心师傅，有一次探亲回家，带了店里各式各样的招牌茶点回家给老婆吃，想不到他老婆吃了之后，不但没称赞店里的点心好吃，甚至还嫌弃地说："茶楼的点心竟是如此平淡无奇，没一样比得上我娘家的点心冬瓜角！"这位师傅听了之后心里自然不服气，就叫他老婆做出"冬瓜角"给他尝尝。他老婆就用冬瓜蓉、糖、面粉做出了金黄别致的"冬瓜角"，这位潮州师傅一吃，风味果然清甜可口，不禁称赞起老婆娘家的点心。隔日，这位潮州师傅就将"冬瓜角"带回茶楼请大家品尝，结果茶楼老板吃完后更是赞不绝口。由于这点心为潮州师傅的老婆所做，大家便叫它"潮州老婆饼"。后来经过他们的一番改进，"老婆饼"便成了广州有名的点心，"老婆饼"也因此而得名。

（1）制作老婆饼馅的材料

糕粉 200 克，色拉油 100 克，炒香的白芝麻 50 克，白糖 150 克，糖冬瓜 150 克，凉开水 200 克。制作老婆饼馅的主要材料如图 9.30 所示。

（2）老婆饼馅的制作过程（图 9.31）

①将糕粉与色拉油混合于盆中拌匀。

②加入其他材料拌匀即可。

图 9.30 制作老婆饼馅的主要材料

A.

B.

图 9.31 老婆饼馅的制作过程

图 9.32 制作老婆饼的主要材料

（3）制作老婆饼的材料

水油酥皮（15 克重）15 件，老婆饼馅 300 克，白芝麻、鸡蛋液等适量。制作老婆饼的主要材料如图 9.32 所示。

（4）老婆饼的制作过程（图 9.33）

①水油酥皮开薄成直径约 5 厘米的圆件。

②包入 20 克老婆饼馅成圆球形。

③压扁并开薄成厚约 0.5 厘米厚的圆饼，均匀地摆放在已经扫油的炕盘中。

④在表面均匀地刷上一层鸡蛋液。

⑤用小刀在饼的中间切出长为 2 厘米平行的两个刀口。

⑥撒上少许白芝麻装饰，入炉，以上火 210 ℃、下火 170 ℃炕约 10 分钟至色泽金黄即可。

A.

B.

C.

D.

图 9.33　老婆饼的制作过程

图 9.34　老婆饼成品

（5）老婆饼制作的关键

①刷鸡蛋液后，应稍晾干后再切口。

②皮料易软一些，否则造型时易裂开。

（6）老婆饼的品质要求

要求老婆饼成品（图 9.34）表面色泽金黄，形态自然，馅料分布均匀，食之外皮酥化，内馅香滑，软韧可口。

任务2　混酥类品种及其创新

混酥类产品与层酥类产品不同，混酥类产品以低筋面粉为主，加入适量的油、糖、蛋、乳、疏松剂、水等经调制加工制成的体积疏松、口感松酥的一类产品。一方面，混酥类产品中的油、糖含量较高，在面粉中加入油脂，面粉颗粒就会被油脂包围，阻碍了面粉吸水，抑制了面筋的生成，形成细腻柔软的面团，当半成品被烘烤、油炸升温时，油脂遇热流散，气体膨胀，制品内部结构碎裂成很多孔隙而成片状或椭圆状的多孔结构，食用时口感酥松。另一方面，调制混酥类产品面团时常常添加化学疏松剂，如食粉、溴粉或发酵粉等，这些化学疏松剂会分解产生二氧化碳气体来补充面团中气体含量的不足，从而增大制品的酥松性。

9.2.1　合桃酥

1）制作合桃酥的材料

低筋粉 500 克，白糖 300 克，色拉油 275 克，鸡蛋 1 只，溴粉 3.5 克，食粉 3.5 克，清水 50 克。制作合桃酥的主要材料如图 9.35 所示。

图 9.35　制作合桃酥的主要材料

2）合桃酥的制作过程（图9.36）

①将面粉过筛、开窝，加入所有原料搓匀。

②埋粉，用折叠手法将面团叠均匀。

③出体每个 15 克大小。

④搓圆，均匀地摆放在已经扫油的烤盘内。

⑤用手指在中间压一个窝。

⑥在表面均匀地扫上一层鸡蛋液。

⑦入炉先以上火 160 ℃、下火 170 ℃炕至饼状，再改用上火 190 ℃、下火 170 ℃炕至色泽金黄即可。

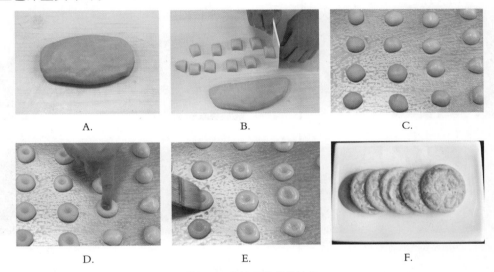

图 9.36　合桃酥的制作过程

3）合桃酥制作的关键

①必须采用折叠手法，面团不能生筋，否则影响疏松及形格。

②面团宜软些，太硬则不疏松。

③要控制好炉温，入炉时温度不能过高或过低，炉温过高则高温定型，成品不疏松，炉温过低则油会流出，成品太薄且易碎，无法保持形格。

4）合桃酥的品质要求

要求合桃酥成品（图 9.37）呈浅金黄色，外形呈扁圆形，表面有自然的裂纹，食之松脆略带韧，甘香可口。

9.2.2　莲蓉甘露酥

图 9.37　合桃酥成品

1）制作莲蓉甘露酥的材料

低筋面粉 500 克，泡打粉 7.5 克，白糖 275 克，猪油 125 克，牛油 150 克，鸡蛋

图 9.38 制作莲蓉甘露酥的主要材料

1 只，溴粉 2 克，莲蓉馅 300 克。制作莲蓉甘露酥的主要材料如图 9.38 所示。

2）莲蓉甘露酥的制作过程（图9.39）

①将面粉过筛，开窝，加入所有原料搓匀。

②埋粉，用折叠手法将面团叠均匀。

③出体每个 40 克大小。

④包入 15 克莲蓉馅，做成山形，均匀地摆放在已经扫油的烤盘内。

⑤在表面均匀地刷上一层鸡蛋液。

⑥入炉以上火 200 ℃、下火 180 ℃炕至色泽金黄即可。

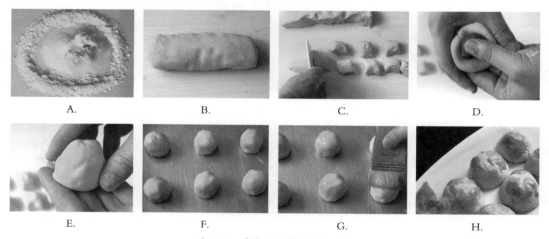

A.　　　　　B.　　　　　C.　　　　　D.

E.　　　　　F.　　　　　G.　　　　　H.

图 9.39　莲蓉甘露酥的制作过程

3）莲蓉甘露酥制作的关键

①必须采用折叠手法，否则生筋，成品不疏松。

②要求约七成白糖溶解，否则会影响其形格，或其表面裂纹不自然。

③要控制好炉温，入炉时温度不能过高或过低，炉温过高成品质硬，无裂纹或裂纹不自然，炉温过低则无法保持形格。

4）莲蓉甘露酥的品质要求

要求莲蓉甘露酥成品（图9.40）色泽金黄，呈山形，表面有自然的裂纹，馅心正中，食之松酥甘香。

图 9.40　莲蓉甘露酥成品

项目 10

烧卖类品种制作技术

烧卖在中国已有悠久的历史。如今，在全国各地都有不同特色的烧卖。比如，在北京等地，人们把它叫作"烧麦"；而在江苏、广东、广西一带，则将它称为"烧卖"。广东地区的烧卖更是多样，如干蒸烧卖、牛肉烧卖、凤爪烧卖、排骨烧卖、猪肚烧卖、猪肠烧卖、牛百叶烧卖、金钱肚烧卖、鲮鱼球烧卖等。其中，干蒸烧卖、牛肉烧卖和虾饺、叉烧包被誉为广东名点心的"四大天王"。

任务1 广东名点烧卖的制作

10.1.1 干蒸烧卖

1）制作干蒸馅的材料

瘦肉 400 克，虾仁 200 克，食粉 3 克，枧水 5 克，肥肉 100 克，冬菇 15 克，精盐 8 克，白糖 10 克，味精 5 克，胡椒粉 1.5 克，生抽 6 克，蚝油 6 克，麻油 12.5 克，猪油 25 克，生粉 15 克。制作干蒸馅的主要材料如图 10.1 所示。

2）干蒸馅的制作过程（图10.2）

①将瘦肉切成中粒，与虾肉一起加入食粉、枧水拌匀，静置腌制约 1 小时。

②冲水至瘦肉呈红白色，虾肉硬身，捞起用干毛巾吸干水。

③将瘦肉和虾肉放入盆中，加入精盐，顺一个方向拌打至胶黏性。

④加入肥肉、冬菇和其他味料拌匀，放

图 10.1 制作干蒸馅的主要材料

入麻油、生粉、猪油拌匀即可。

A.

B.

C.

D.

图 10.2　干蒸馅的制作过程

图 10.3　制作干蒸皮的主要材料

3）制作干蒸皮的材料

高筋面粉 400 克，低筋面粉 100 克，鸡蛋 2 只，枧水 5 克，清水 150 克。制作干蒸皮的主要材料如图 10.3 所示。

4）干蒸皮的制作过程（图10.4）

①将面粉过筛，开窝，放入所有材料，搓至面团纯滑。

②过压面机至纯滑，用打皮技法将其打至纸张厚薄。

③用直径为 5 厘米的光钹（圆形印模）盖出，即为干蒸皮。

A.

B.

C.

D.

E.

图 10.4　干蒸皮的制作过程

5）干蒸烧卖的制作过程（图10.5）

①取一张烧卖皮放在手指间，包入 20 克干蒸馅。

②放在左手虎口处，右手拿馅挑，将其做成花瓶形。

③放入已扫油的小蒸笼内，一笼 4 个。

④用猛火蒸 8 分钟即可。

A.　　　　　　　　　　B.　　　　　　　　　　C.

图 10.5　干蒸烧卖的制作过程

6）干蒸烧卖制作的关键

①干蒸馅瘦肉及虾肉腌制后必须冲洗干净，否则会影响成品的色泽和口感。

②因为肉的起胶好坏会直接影响成品的爽口度，所以肉必须充分打制起胶。

③干蒸皮的软硬度要适宜，过软皮易粘连，过硬皮易爆开，成品易皮馅分离。

7）干蒸烧卖的品质要求

要求干蒸烧卖成品（图 10.6）外形呈收腰状，形状平正，皮薄馅厚且皮馅结合紧密，食之爽口，香浓有汁，味道鲜美。

图 10.6　干蒸烧卖成品

10.1.2　牛肉烧卖

1）制作牛肉烧卖的材料

图 10.7　制作牛肉烧卖的主要材料

牛肉 500 克，肥肉 100 克，食粉 1.5 克，枧水 5 克，精盐 9 克，马蹄 100 克，芫茜 25 克，湿陈皮 10 克，味精 5 克，鸡粉 5 克，白糖 20 克，生抽 10 克，胡粉 2 克，色拉油 50 克，马蹄粉 75 克，冰水约 300 克，姜汁酒 15 克。制作牛肉烧卖的主要材料如图 10.7 所示。

2）牛肉烧卖的制作过程（图10.8）

①将牛肉放入绞肉机绞烂，马蹄、芫茜肥肉切粒，陈皮经过清水浸发飞水后剁蓉备用。

②将牛肉放入搅拌机，加入盐、食粉、枧水，打至胶黏性放入冰柜冷藏约 12 小时。

③将冷藏好的牛肉放入搅拌机，将马蹄粉与冰水开成浆，一边搅拌一边慢慢倒入牛肉中。

④先分次加入冰水，一边加一边搅拌均匀，然后加入除油之外的其他料拌匀，再加入色拉油。

⑤继续放入冰柜冷藏 1 小时以上拿出，用手挤成圆球形。

⑥放入笼内，以腐皮垫底，用猛火蒸 8 分钟即可。

图 10.8　牛肉烧卖的制作过程

3）牛肉烧卖制作的关键

①要选用优质的牛肉。

②牛肉腌制需较长时间，否则会影响成品形格及成品的爽口度。

③冰水要分多次加入，每加一次，待搅拌起胶后再加另一次，否则起胶性不好，成品形格及爽口度不好。

④蒸时一定要用猛火，或用慢火煮制，否则成品不够爽口。

4）牛肉烧卖的品质要求

要求牛肉烧卖成品（图 10.9）呈圆球形，色泽鲜明，食之质地爽口滑嫩，湿润有汁，突出牛肉香味。

图 10.9　牛肉烧卖成品

任务2　其他烧卖的制作

10.2.1　排骨烧卖

1）制作排骨烧卖的材料

排骨（图 10.10）500 克，食粉 5 克，枧水 5 克，精盐 5 克，味精 5 克，鸡粉 5 克，白糖 10 克，生油 25 克，生粉 40 克，花生酱 10 克，蒜蓉油和豆豉油各 25 克。

2）排骨烧卖的制作过程（图10.11）

①将排骨斩成 2 厘米长的小段。

图 10.10　排骨

②加入食粉、枧水、白糖和生粉充分拌匀，腌制 2 小时后冲水至肉质红白色。

③用干毛巾吸干水。

④先将排骨与生粉拌匀，再加入所有味料拌匀，放入冰柜腌制约 1 小时。

⑤放入已垫了芋头粒的碟子内，放笼。

⑥用猛火蒸 10 ～ 12 分钟即可。

A.　　　　　　　　B.　　　　　　　　C.

D.　　　　　　　　E.　　　　　　　　F.

图 10.11　排骨烧卖的制作过程

3）排骨烧卖制作的关键

①排骨斩段要完整。

②腌制后需要充分冲洗干净，否则会影响成品的色泽和爽口度。

③蒸时一定要用猛火，否则会影响成品的爽口度和口感。

4）排骨烧卖的品质要求

要求排骨烧卖成品（图 10.12）的外形大小均匀，呈白红色，表面有光泽，食之爽口滑嫩，滋味香浓。

图 10.12　排骨烧卖成品

10.2.2　凤爪烧卖

图 10.13　鸡爪

1）制作凤爪烧卖的材料

鸡爪（图 10.13）600 克，白糖 150 克，醋精 1 克，花椒 25 克，八角 25 克，叉烧芡 100 克，精盐 5 克，味精 5 克，鸡粉 5 克，白糖 5 克，花生酱 15 克，海鲜酱 10 克，色拉油 25 克，豆豉油 25 克，蒜蓉油 25 克，姜、葱、辣椒酱、青红辣椒圈等适量。

2）凤爪烧卖的制作过程（图10.14）

①将鸡爪去除趾甲，洗干净备用。

②浸糖水：在锅内加入适量清水，加入白糖煮沸，滴入醋精后放入鸡爪，浸煮约

10 秒钟捞起。

③炸鸡爪：用 230 ℃左右的油温炸至色泽金黄，捞出后浸于清水中。

④将鸡爪、姜、葱、花椒、八角全部放入锅中，加入刚好可以淹没鸡爪的清水，煮至鸡爪黏即可捞出。

⑤将鸡爪一分为二，加入生粉拌匀。

⑥先将除油料之外的调料放入盆中拌匀后加入鸡爪拌匀，再加入油料。

⑦上碟，在上面放上青红辣椒圈装饰。

⑧入笼以猛火蒸 5 分钟即可。

A.　　　　　　　　B.　　　　　　　　C.　　　　　　　　D.

E.　　　　　　　　F.　　　　　　　　G.　　　　　　　　H.

图 10.14　凤爪烧卖的制作过程

图 10.15　凤爪烧卖成品

3）凤爪烧卖制作的关键

①浸糖水的时间不能过长，否则易炸至色太深。

②味料与鸡爪搅拌时要轻，且不能搅拌过多，否则易掉皮。

4）凤爪烧卖的品质要求

要求凤爪烧卖成品（图 10.15）呈金黄色且有光泽，食之滋味香浓。

10.2.3　牛百叶烧卖

1）制作牛百叶烧卖的材料

已处理的牛百叶（图 10.16）500 克，生粉 15 克，精盐 6 克，味精 5 克，鸡粉 3 克，白糖 10 克，胡椒粉 1.5 克，姜丝 50 克，葱丝 50 克，麻油 10 克，豆豉油和蒜蓉油各 25 克。

2）牛百叶烧卖的制作过程（图10.17）

①将牛百叶切件，放入沸水中烫 10 ~ 15 秒后捞出，立马放入凉水中。

图 10.16　牛百叶

②用干毛巾吸干水，加入生粉拌匀。

③将味料混合放于盆中，加入牛百叶拌匀，放入葱丝、姜丝拌匀，加入麻油、豆豉油、蒜蓉油拌匀，放入冰柜腌制一段时间。

④上碟，入笼。

⑤以猛火蒸5分钟即可。

A.　　　　　　　　　B.　　　　　　　　　C.

D.　　　　　　　　　E.

图 10.17　牛百叶烧卖的制作过程

3）牛百叶烧卖制作的关键

①牛百叶浸水后必须吸干水，否则会影响成品风味。

②要充分腌制入味，否则会影响成品风味。

4）牛百叶烧卖的品质要求

要求牛百叶烧卖成品（图10.18）光泽好，食之清淡爽口。

图 10.18　牛百叶烧卖成品

10.2.4　金钱肚烧卖

图 10.19　金钱肚

1）制作金钱肚烧卖的材料

已处理过的金钱肚（图10.19）500克，生粉10克，叉烧茨30克，盐5克，味精5克，鸡粉4克，糖10克，辣椒酱6克，花生酱10克，黑胡椒粉1克，麻油、豆豉油、蒜蓉油各15克。

2）金钱肚烧卖的制作过程（图10.20）

①将金钱肚切成宽1.5厘米、长约4厘米的

小条。

②用干毛巾吸干水，加入生粉及黑胡椒粉拌匀。

③将味料混合放于盆中，先加入金钱肚拌匀，再加入麻油、豆豉油、蒜蓉油拌匀，放入冰柜腌制一段时间。

④上碟，入笼。

⑤以猛火蒸 5 分钟即可。

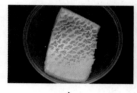
A.

B.

C.

D.

图 10.20　金钱肚烧卖的制作过程

图 10.21　金钱肚烧卖成品

3）金钱肚烧卖制作的关键

①金钱肚浸水后必须吸干水，否则会影响成品风味。

②要充分腌制入味，否则会影响成品风味。

4）金钱肚烧卖的品质要求

要求金钱肚烧卖成品（图 10.21）色泽金黄、有光泽，食之口感浓郁，滋味鲜美。

10.2.5　猪肚烧卖

1）制作猪肚烧卖的材料

猪肚 500 克，花椒、八角、姜少许，生粉 10 克，黑胡椒粉 4 克，精盐 5 克，味精 5 克，鸡粉 4 克，蚝油 10 克，美极酱油少许，麻油、豆豉油、蒜蓉油各 15 克，清水等适量。

2）猪肚烧卖的制作过程

①将猪肚放入锅中，加入清水、花椒、八角、姜，先用大火煮沸，改小火煮约 1 小时至黏，拿出冲洗并处理干净。

②将熟猪肚切成宽 1 厘米、长约 3 厘米的小条。

③用干毛巾吸干水，加入生粉及黑胡椒粉拌匀。

④将味料混合放于盆中，加入猪肚拌匀，加入麻油、豆豉油、蒜蓉油拌匀，放入冰柜腌制一段时间。

⑤上碟，入笼。

⑥以猛火蒸 5 分钟即可。

3）猪肚烧卖制作的关键

①猪肚煮后要清洗和处理干净，否则会影响成品的口感。

②猪肚切件后必须吸干水，否则会影响成品风味。

③要充分腌制入味，否则会影响成品风味。

4）猪肚烧卖的品质要求

要求猪肚烧卖成品（图10.22）光泽好，食之口感浓郁，配合黑胡椒，风味别致。

图 10.22 猪肚烧卖成品

春卷皮品种及其创新

春卷，又称春饼、薄饼。据文献记载，春卷由古代立春之日食用春盘的习俗演变而成。春盘始于晋代，初名"五辛盘"。五辛盘中盛有 5 种辛辣的蔬菜，如小蒜、大蒜、韭、芸薹、胡荽等，是供人们在春日食用后发五脏之气用的。唐朝时，春盘的内容有了变化，春盘的内容更加精美。元代《居家必用事类全集》已经出现将春饼卷裹馅料油炸后食用的记载。到了清代，已经出现春卷的名称。

春卷在世界各地广为流传，深受人们喜爱。广东地区的春卷更是品种多样，除了传统的春卷品种外，还增加了不同形状及口味，甜咸皆备。

任务1　春卷皮

制作春卷一般选用的是机械化制作的包装春卷皮，生产量大，厚薄均匀一致，使用方便。虽然很少有人再使用传统的春卷皮制作春卷，但也很有必要了解传统春卷皮的制作。

11.1.1　制作春卷皮的材料

高筋面粉 500 克，精盐 10 克，色拉油 20 克，清水 500 克。

11.1.2　春卷皮的制作过程

①将高筋面粉与精盐、色拉油一起加入盆中，慢慢加入清水，一边加一边搓制，一直搓成较稀软的面团且能用手提起。

②将面团静置 20 分钟左右。

③先将平底锅烧热，涂上薄薄的一层色拉油，然后用手提着面团，在平底锅底涂上一个直径约 20 厘米的薄薄的圆。

④待锅中面皮边缘向内卷起时便可揭起，即为春卷皮。

11.1.3　制作春卷皮的关键

①掌握好面糊的稀稠度，根据面粉的受水量适当调节加水量，不能过稀或过稠。过稀则无法做成面糊，提不起；过稠则煎出的春卷皮过薄，不易操作。

②掌握锅的热凉度，锅太热，皮熟得太快，面糊抓起时会连煎好的皮一起抓起；锅太凉，做出来的皮比较厚，皮韧性差并且不易揭下。

③掌握平底锅涂油量的多少。锅涂油太少，则皮很难揭下；锅涂油太多，则很难成皮。

任务2　春卷皮品种及其创新

11.2.1　春　卷

1）制作春卷馅的材料

鸡脯肉 100 克，叉烧肉 100 克，湿冬菇 100 克，沙葛 150 克，胡萝卜 200 克，精盐 10 克，味精 5 克，鸡粉 5 克，白糖 15 克，生抽 10 克，生粉 15 克，胡椒粉 1.5 克，麻油 15 克，色拉油等适量。制作春卷馅的主要材料如图 11.1 所示。

图 11.1　制作春卷馅的主要材料

2）春卷馅的制作过程（图11.2）

①将鸡脯肉、叉烧肉、湿冬菇、沙葛、胡萝卜切成丝。

②先将鸡脯肉拉油后与叉烧肉一起炒香，然后加入胡萝卜与冬菇丝炒匀，加入味料炒匀、勾芡，加麻油即可。

A.　　　　　　　　　　　　　　　B.

图 11.2　春卷馅的制作过程

3）制作春卷的材料（图11.3）

春卷皮 20 张，春卷馅 600 克。

A.   B.

图 11.3　制作春卷的材料

4）春卷的制作过程（图11.4）

①将春卷皮包上 30 克春卷馅。

②包成长条状，接口处用面糊封好。

③用 150 ℃油温炸至表面色泽金黄，硬脆即可。

A.　　　　　　　　B.　　　　　　　　C.　　　　　　　　D.

E.　　　　　　　　F.　　　　　　　　G.　　　　　　　　H.

图 11.4　春卷的制作过程

5）春卷制作的关键

①造型要整洁，并且要包结实，以免炸时油进入成品中，使成品过于油腻。

②控制好炸制的油温，油温不宜过高，否则会上色过快，皮易软。

6）春卷的品质要求

要求春卷成品（图11.5）外表色泽金黄，形格方正，食之外皮松脆，内馅湿润香滑。

图 11.5　春卷成品

11.2.2　红豆窝角饼

1）制作红豆窝角饼的材料

春卷皮 10 张，红豆馅 300 克，面糊等适量。制作红豆窝角饼的主要材料如图 11.6 所示。

A.　　　　　　　　　　B.

图 11.6　制作红豆窝角饼的主要材料

2）红豆窝角饼的制作过程（图11.7）

①将春卷皮一分为二。

②将 15 克红豆馅放入皮的一边。

③造型呈三角形，接口处用面糊粘好。

④放入 150 ℃的油中，将其炸至色泽金黄即可。

A.　　　　　　　　　　B.　　　　　　　　　　C.

D.　　　　　　　　　　E.　　　　　　　　　　F.

图 11.7　红豆窝角饼的制作过程

3）红豆窝角饼制作的关键

①造型时要包结实，以免炸时油进入成品中，造成过于油腻。

②控制好炸制的油温，不宜过高，否则上色过快且皮易软。

4）红豆窝角饼的品质要求

要求红豆窝角饼成品（图 11.8）色泽金黄，外形呈等边三角形，食之口感松脆，酥香可口并突出红豆香味。

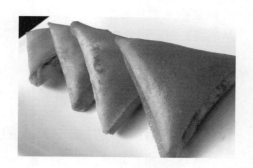

图 11.8　红豆窝角饼成品

项目 12

广式月饼

月饼，又称胡饼、宫饼、小饼、月团、团圆饼等，是古代中秋祭拜月神的供品，沿传下来，便形成了中秋吃月饼的习俗。

广式月饼，又名广东月饼，是我国目前市场占有量最大的一类月饼。广式月饼起源于 1889 年，当时广州城西有家糕酥馆在做酥饼时，用莲子熬成莲蓉做酥饼的馅料，因其清香可口大受顾客欢迎。光绪年间，这家糕酥馆改名为"连香楼"。那种莲蓉馅的酥饼已定型为现在的月饼。

广式月饼的主要特点是：选料上乘，精工细作，饼面上的图案花纹玲珑浮凸，式样新颖，皮薄馅多，滋润柔软，外表光泽油亮，色泽金黄，口味有咸有甜，味美香醇，百食不厌。

从月饼饼皮上划分，广式月饼可分为糖浆皮月饼、酥皮月饼和冰皮月饼 3 大类。其中，以糖浆皮月饼历史悠久，源远流长，广为传播。从月饼重量上划分，可分为加头月饼、足斤月饼和迷你月饼 3 大类。加头月饼是指 4 个月饼重 750 克的月饼；足斤月饼是指 4 个月饼重 500 克的月饼；迷你月饼是指 8 个月饼重 500 克的月饼。另外，从馅料上划分则分为蓉沙类、果仁类、水果类、烧肉类、蔬菜类、海味等。

任务1 广式月饼糖浆皮

12.1.1 制作广式月饼糖浆皮的材料

低筋面粉 800 克，高筋面粉 200 克，转化糖浆 800 克，枧水 25 克，花生油 350 克。制作广式月饼糖浆皮的主要材料如图 12.1 所示。

图 12.1 制作广式月饼糖浆皮的主要材料

12.1.2 广式月饼糖浆皮的制作过程（图12.2）

①先将转化糖浆与枧水加入盆中充分混合均匀，再将花生油慢慢加入充分混合均匀。

②将面粉过筛，倒入盆中混合均匀。

③静置2～4小时即可。

A.　　　　　　　　　　　　　　　B.

图12.2　广式月饼糖浆皮的制作过程

12.1.3 广式月饼糖浆皮制作的关键

①注意加料的顺序，转化糖浆与枧水要先混合，否则成品会出现黑色的斑点。

②掌握枧水的投放量，根据所转化糖浆的酸度适当添加。如添加量不足，则烘时难上色，表皮有皱纹，且皮较硬，影响产品回油；如添加量过多，则成品易着色，表面易裂开，并且会影响成品回油。

③静置时间要够，使面粉与糖浆、油等充分融合。

任务2　广式月饼及其创新品种的制作

12.2.1 广式蛋黄莲蓉月饼

1）制作广式蛋黄莲蓉月饼的材料

广式月饼糖浆皮600克，白莲蓉馅3000克，优质红心咸鸭蛋黄20个。制作广式蛋黄莲蓉月饼的主要材料如图12.3所示。

图12.3　制作广式蛋黄莲蓉月饼的主要材料

2）广式蛋黄莲蓉月饼的制作过程（图12.4）

①将咸蛋黄放入烤炉，用上火200℃、下火180℃烤至表面出油后拿出。

②将广式月饼皮出体每个25～30克大小，白莲蓉馅出体每个150克大小。

③搓圆，在案板上用手压薄，用刮刀铲起，包入一份馅。

④用高筋面粉做粉心，将包好的坯体粘上一层薄薄的面粉后压入月饼模。

⑤敲出，用手接住半成品。

⑥将其均匀地摆放在烤盘中。

⑦在表面用喷壶均匀地喷上一层水后入炉，以上火230 ℃、下火180 ℃烘烤。

⑧烤至呈黄色时拿出，稍凉冻后在表面均匀地扫上一层蛋黄液。

⑨放入烤炉中继续烤至色泽金黄即可拿出。

⑩稍凉后即可包装，每个包装内应加一小包脱氧剂，放置2天至表面回油即可。

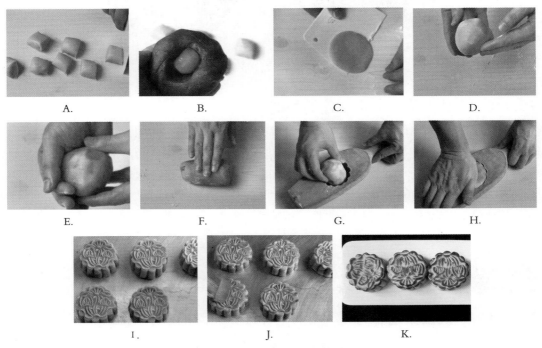

图12.4 广式蛋黄莲蓉月饼的制作过程

3)广式蛋黄莲蓉月饼制作的关键

①造型时，不能用太多粉心，否则会造成皮馅分离。

②包馅时，饼皮厚薄要均匀，避免露馅，另外，不能转动太多。

③包馅及打饼的手法要熟练，否则会造成粘模具，花纹不清晰，影响成品形格。

④扫蛋时要均匀，每次可扫少许，分多次扫蛋。避免扫蛋不均匀造成成品色泽不一致，影响成品外观质量。

⑤掌握好烘烤的炉温，炉温不能过高或过低。炉温过低会使月饼烤好后出现下陷；炉温过高则中间熟不透，甚至导致饼皮爆裂。

⑥烘烤时间不能太久，太久易出现爆裂，但成品色泽要深一些，因回油后色泽会变得柔和。

4)广式蛋黄莲蓉月饼的品质要求

要求广式蛋黄莲蓉月饼成品（图12.5）呈金黄或棕色，表面花纹精细清晰，表面柔润光亮，皮薄并均匀地包裹馅料，且与馅料结合紧密，蛋黄正中，食之香甜适中，有浓厚的莲蓉及咸蛋黄香味。

图12.5 广式蛋黄莲蓉月饼成品

12.2.2 广式酥皮月饼

广式酥皮月饼一般是使用拿酥皮进行制作的。广式酥皮月饼的饼皮色泽金黄，它吸收了西式点心皮类的制法，结合广式月饼的特色创制而成。其特色主要体现在：热吃松化甘香，冷吃则酥脆可口。

1）制作广式酥皮月饼的材料

低筋面粉500克，糖粉150克，蛋黄6只，黄油250克，红莲蓉2100克。制作广式酥皮月饼的主要材料如图12.6所示。

2）广式酥皮月饼的制作过程（图12.7）

①将面粉筛开窝，加入糖粉和黄油充分搓匀，之后逐只加入蛋黄，每加一次，拌匀，然后再加一次，直到加完。

②埋粉，用折叠手法折2～3次即为广式

图12.6 制作广式酥皮月饼的主要材料

酥皮月饼皮（拿酥皮）。

③将皮出体每个15克大小，馅料出体每个35克大小。

④用一份皮包入一份馅。

⑤压入月饼模，打出，均匀地摆放在烤盘上。

⑥在表面均匀地涂上一层蛋黄液。

⑦入炉以上火200℃、下火180℃，炕至色泽金黄即可。

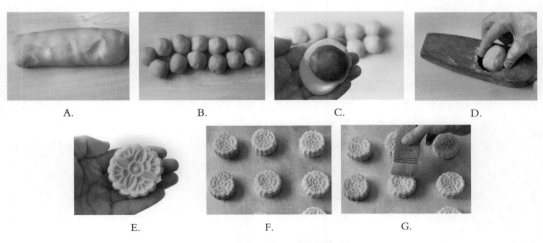

图12.7 广式酥皮月饼的制作过程

3）广式酥皮月饼制作的关键

①必须使用折叠手法，否则酥皮易生筋，成品易爆裂。

②扫蛋要均匀，否则会造成成品色泽不一。

图 12.8　广式酥皮月饼成品

③掌握烘烤的炉温，不能过高或过低。炉温过低，容易造成成品无法保持形格或花纹不清晰；炉温过高，易造成色泽外焦内不透且皮较硬。

4）广式酥皮月饼的品质要求

要求广式酥皮月饼成品（图 12.8）色泽金黄，馅心正中，花纹清晰，皮质香松酥化，内馅甘香可口。

12.2.3　冰皮月饼

冰皮月饼源自 20 世纪 80 年代，刚上市的时候，其皮料用熟糯米粉制作而成。发展至今，其皮料已改为由多种淀粉混合制成，改善了原本熟糯米粉制作时保存时间不长、易老化、有生粉味等缺陷，馅料也由原来的莲蓉馅与豆沙馅改为现在品种多样的馅料。目前，市面上也有很多冰皮月饼粉出售，加上各式馅料，制作相对简单方便，深受消费者的喜爱。

1）制作冰皮月饼的材料

冰皮月饼粉 500 克，凉开水 250 克，白奶油 100 克，白莲蓉 800 克。

2）冰皮月饼的制作过程

①将冰皮月饼粉与白奶油加入盆中，分次加放凉开水，搓成纯滑的面团。

②用保鲜膜封好，放入冰箱静置 1 小时左右。

③将皮出体每个 20 克大小，馅料出体每个 30 克大小。

④用一份皮包入一份馅。

⑤压入月饼模，打出。

⑥放入冰箱冷藏即可。

3）冰皮月饼制作的关键

①水要分次加入，否则会影响其细腻度和韧度。

②制作过程要注意卫生，整个制作过程要戴一次性手套。

4）冰皮月饼的品质要求

要求冰皮月饼成品色泽洁白，晶莹剔透，馅心正中，花纹清晰，食之软糯，清香可口。

项目 **13**

其他类品种制作技术

任务1 **植物皮类品种的制作技术**

植物皮类品种以芋头、番薯、马铃薯、南瓜等富含淀粉类的原料为主料制作，主要品种有秋荔浦芋角、香煎番薯饼、南瓜饼等。

13.1.1 秋荔浦芋角

1）制作秋荔浦芋角馅的材料

猪肉350克，虾肉100克，马蹄或沙葛100克，湿冬菇50克，精盐8克，味精6克，胡椒粉1.5克，白糖10克，生粉10克，芝麻油15克。制作秋荔浦芋角馅的主要材料如图13.1所示。

2）秋荔浦芋角馅的制作过程（图13.2）

图13.1 制作秋荔浦芋角馅的主要材料

A.

B.

C.

D.

E.

F.

G.

图13.2 秋荔浦芋角馅的制作过程

图 13.3　制作秋荔浦芋角皮的主要材料

①猪肉、虾肉、沙葛、湿冬菇切中粒备用。

②猪肉、虾肉拉油，与沙葛、湿冬菇一起炒香，加入味料炒匀，用鸡蛋液勾芡，加包尾油即可。

3）制作秋荔浦芋角皮的材料

荔浦芋 500 克，烫熟澄面 200 克，猪油 125 克，精盐 7 克，味精 10 克，胡椒粉 2 克，白糖 10 克，麻油 15 克。制作秋荔浦芋角皮的主要材料如图 13.3 所示。

4）秋荔浦芋角的制作过程（图13.4）

①芋头去皮，切片入笼蒸制 15 分钟至黏后拿出，压烂成蓉。

②先加入熟澄面搓匀，然后加入猪油，充分搓匀后加入味料搓匀成团状。

③芋角皮出体每个 30 克大小，包入 15 克的芋角馅成榄核形。

④均匀地摆放在笊篱上，慢慢地放入 170 ℃油温中炸至色泽金黄、蜂巢状起发良好即可。

| A. | B. | C. | D. |
| E. | F. | G. | H. |

图 13.4　秋荔浦芋角的制作过程

5）秋荔浦芋角制作的关键

①必须选用粉质较好的芋头。

②正确掌握加入猪油或黄奶油的量，可通过试体来判别：取一小块芋角皮，放入 170 ℃的油中试炸。如果不起蜂巢，则说明加油量不足，可通过多加油来补救；如果半成品散开，则说明加油量过大，可通过加入熟澄面来补救。

③正确掌握油温的高低。如果试体中不起蜂巢，要首先考虑油温过高，高温定型至不起蜂巢。如果降低油温后还不起蜂巢，则考虑加油量不足；如果散开，则考虑油温过低；如果升高油温后仍散开，则考虑加油量过多。

6）秋荔浦芋角的品质要求

要求秋荔浦芋角成品（图13.5）色泽金黄，外

图 13.5　秋荔浦芋角成品

形美观，形似蜂巢，食之外酥脆内软香。

13.1.2 香煎番薯饼

1）制作香煎番薯饼的材料

黄心番薯500克，白糖100克，糯米粉100克，澄面50克，吉士粉30克，炼奶25克，猪油40克。制作香煎番薯饼的主要材料如图13.6所示。

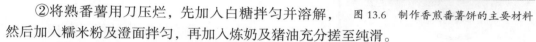

2）香煎番薯饼的制作过程（图13.7）

①将黄心番薯去皮后切成薄片，放入蒸笼用猛火蒸约15分钟至黏，拿出。

图13.6 制作香煎番薯饼的主要材料

②将熟番薯用刀压烂，先加入白糖拌匀并溶解，然后加入糯米粉及澄面拌匀，再加入炼奶及猪油充分搓至纯滑。

③出体每个30克大小，压入晶饼模中，打出。

④将半成品放入不粘锅，用慢火煎至两边金黄色即可。也可以用油炸的方法，一般以160℃的油温炸至色泽金黄、体积起发为原来的1.5倍大即可。

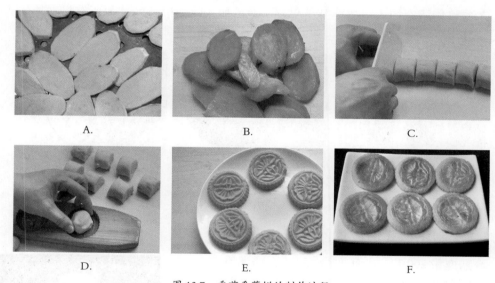

A.　　　　　　　　　　B.　　　　　　　　　　C.

D.　　　　　　　　　　E.　　　　　　　　　　F.

图13.7 香煎番薯饼的制作过程

图13.8 香煎番薯饼成品

3）香煎番薯饼制作的关键

①蒸制番薯的时间不能太长，否则番薯会生水。

②糯米粉与澄面要趁热加入。

4）香煎番薯饼的品质要求

要求香煎番薯饼成品（图13.8）色泽金黄，外形美观，花纹清晰，食之清甜，甘香可口。

任务2　广式煎饺

13.2.1　制作广式煎饺馅的材料

图 13.9　制作广式煎饺馅的主要材料

猪瘦肉 350 克,肥猪肉 150 克,马蹄或沙葛 200 克,湿冬菇 50 克,韭菜 400 克,精盐 10 克,味精 5 克,鸡粉 4 克,白糖 10 克,胡椒粉 1.5 克,生粉 25 克,生抽 10 克,蚝油 10 克,麻油 20 克,猪油 25 克。制作广式煎饺馅的主要材料如图 13.9 所示。

13.2.2　广式煎饺馅的制作过程（图13.10）

①将猪瘦肉、马蹄、湿冬菇分别切成中粒,肥肉剁碎,韭菜切粒后加入少许精盐拌匀备用。

②将韭菜用盐腌制出水后冲洗干净,将水挤出,晾干备用。

③先将猪瘦肉加入精盐拌打至起胶,然后加入除油以外的其他所有材料拌匀,再加入油料拌匀,放入冰柜静置一段时间即可。

A.

B.

C.

图 13.10　煎饺馅的制作过程

13.2.3　制作广式煎饺皮的材料

高筋面粉 200 克,低筋面粉 250 克,糯米粉 50 克,精盐 5 克,清水 200 克。制作广式煎饺皮的主要材料如图 13.11 所示。

13.2.4　广式煎饺的制作过程（图13.12）

①先将面粉过筛,然后将约 100 克面粉与糯米粉一起用适量的沸水烫熟。

②将剩余面粉与熟面粉和清水、盐一起搓成纯滑的面团。

③面团出体每个 7.5 克大小。

图 13.11　制作广式煎饺皮的主要材料

④开薄成直径为 7 厘米的圆件。

⑤包入 20 克煎饺馅成带花纹的煎饺形，均匀地摆放在已经扫油的眼板上。

⑥入笼，以猛火蒸 8 分钟后拿出。

⑦待凉后，煎至底面金黄色即可。

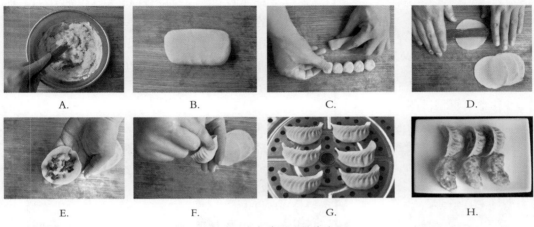

图 13.12　广式煎饺的制作过程

13.2.5　广式煎饺制作的关键

①韭菜腌制出水后，应冲洗干净。

②蒸制加温要用猛火，否则会影响成品的口感。

③掌握好形格制作及煎色。

13.2.6　广式煎饺的品质要求

要求广式煎饺成品（图 13.13）花纹清晰，呈半透明状，馅料饱满，造型精美，底面煎色金黄，食之外皮香脆，内馅爽滑有汁，香味浓郁。

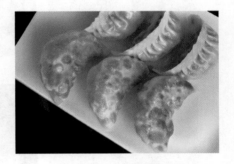

图 13.13　广式煎饺成品

任务3　笑口枣

笑口枣是广州人春节必备的年货之一，香甜暄酥，十分可口。笑口枣也是广式点心中的油炸小吃品种。笑口枣有大小两种类型，外形呈圆球形，实心，外面均匀地粘了一层白芝麻，表面有一裂口。因为其经油炸后表面的这一裂口而得名"笑口枣"。

13.3.1　制作笑口枣的材料

低筋面粉 500 克，白糖 250 克，食粉 4 克，色拉油 15 克，清水 150 克。制作笑口

图 13.14　制作笑口枣的主要材料

枣的主要材料如图 13.14 所示。

13.3.2　笑口枣的制作过程（图13.15）

①将清水烧沸，加入白糖溶解，待凉冻。

②糖水凉冻后，加入食粉与色拉油拌匀，加入过筛的面粉拌匀。

③用折叠手法折 2 ~ 3 次即为笑口枣皮。

④面团出体每个 30 克大小。

⑤稍搓圆后，粘上湿水稍搓圆，然后在表面粘上芝麻。

⑥拿出再稍搓圆。

⑦放入 150 ℃的油中炸制，让其自行裂口，炸至色泽金黄即可。

图 13.15　笑口枣的制作过程

13.3.3　笑口枣制作的关键

①严格控制糖水量，一般在煮糖水时稍微多放一些水，因为煮制时会有水分挥发。

②必须使用折叠手法，避免面团筋性过大。

③炸制过程中不要搅动，待其裂口完成后可稍稍搅动，否则成品四处裂口或裂口不自然。

13.3.4 笑口枣的品质要求

要求笑口枣成品（图 13.16）色泽金黄，外形呈鸡肾形，芝麻分布均匀，食之香甜，暄酥可口。

图 13.16 笑口枣成品

任务4 冰花鸡蛋球

图 13.17 制作冰花鸡蛋球的主要材料

13.4.1 制作冰花鸡蛋球的材料

低筋面粉 250 克，澄面 250 克，牛油 60 克，鸡蛋约 16 只，清水 600 克。制作冰花鸡蛋球的主要材料如图 13.17 所示。

13.4.2 冰花鸡蛋球的制作过程（图13.18）

①将清水烧沸，与牛油一起煮溶解。

②将低筋粉澄面过筛后倒入，烫熟后倒出并搓制纯滑。

③将熟面团加入搅拌机，逐次加入鸡蛋，每加一次搅拌成团后再加另一次，直至加完并搅拌成纯滑的面糊。

④用手将面糊挤出约 40 克大小的圆球，放入 130 ℃的油中炸制。炸制过程中不能搅拌，让其自行翻动，待其全部浮上油面时，用慢火升温，炸至体积起发为原来的 4 倍大小，身硬。

⑤捞出沥干表面油分，趁热在表面粘上一层细白糖即可。

A.　　　　　　　　B.　　　　　　　　C.

D.　　　　　　　　E.　　　　　　　　F.

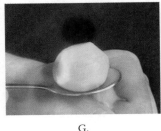
G.

H.

I.

图 13.18　冰花鸡蛋球的制作过程

13.4.3　冰花鸡蛋球制作的关键

①面粉与澄面必须完全烫熟，否则影响其起发。

②加蛋必须逐只加入，并且不能过快，否则面糊生粒，吸收蛋量较少，影响成品质量。

③炸制过程中，不要搅动，否则易裂开，甚至散掉。

④炸制中，油温要均匀地上升，以蛋球在锅内自行转动的速度来判断，如果长时间不转动，则说明油温上升过慢，若转动速度过快，则说明油温上升过快。

13.4.4　冰花鸡蛋球的品质要求

要求冰花鸡蛋球成品（图 13.19）色泽金黄，裂纹自然，表面细糖分布均匀自然，内部呈丝瓜瓤状，食之外脆内软滑，油而不腻。

图 13.19　冰花鸡蛋球成品

任务5　广式炸油条

13.5.1　制作广式炸油条的材料（图 13.20）

高筋面粉 500 克，鸡蛋 1 只，泡打粉 7.5 克，食粉 3.5 克，溴粉 3.5 克，精盐 10 克，色拉油 25 克，清水 300 克。

13.5.2　广式炸油条的制作过程（图 13.21）

①先将面粉、泡打粉过筛，开窝，加入

图 13.20　制作广式炸油条的材料

250 克清水、鸡蛋、食粉、溴粉、精盐、色拉油，搓匀后将面团搓成团状，然后用捣制手法及摔打手法将剩余的清水加入并搓制纯滑。

②放一边静置约 2 小时。

③将面团开成宽 12 厘米、厚 0.7 厘米的长方体。

④先用刀切出宽 2 厘米、长 12 厘米的小面条，然后拿两条重叠，用刀背中间轻压，并拉长至 20 厘米左右。

⑤放入 180 ℃的油中炸制，炸制过程中不断翻转半成品，炸至色泽金黄、表面硬脆即可。

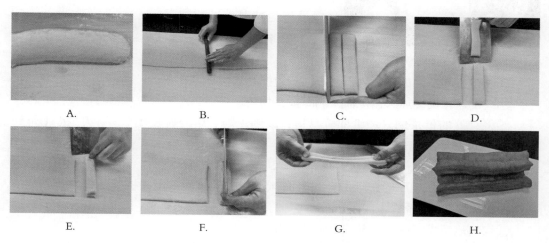

图 13.21 广式炸油条的制作过程

13.5.3 广式炸油条制作的关键

①面团静置时间要够，造型时不能太过于用力，否则筋度过大影响成品起发。

②造型时，面团表面不能过干或过湿，过干炸时两条易分开，过湿则起发小。

③炸制过程中，要不断翻动半成品，使其充分疏松。

④炸制的油温不能过低或过高，油温过低会影响起发，油温过高会造成外焦内不熟。

13.5.4 广式炸油条的品质要求

要求广式炸油条成品（图 13.22）色泽金黄，表面豆角泡裂纹自然，细糖分布均匀自然，内部呈丝瓜瓤状，食之外脆内软，甘香可口。

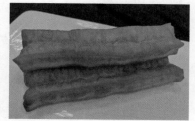

图 13.22 广式炸油条成品

任务6 瑞士鸡蛋卷

13.6.1 制作瑞士鸡蛋卷的材料（图13.23）

图 13.23 制作瑞士鸡蛋卷的材料

带壳鸡蛋 1000 克，细白糖 450 克，低筋面粉 450 克，蛋糕油 35 克，牛奶 150 克，色拉油 100 克。

13.6.2 瑞士鸡蛋卷的制作过程（图13.24）

①将打蛋糕的用具洗净，放入鸡蛋与白糖，慢慢将白糖搅拌至溶解。

②将面粉和蛋糕油加入蛋糖液中，先用中速搅拌均匀，再改用快速将蛋浆打至乳白色、鸡尾状。

③改中速并慢慢加入牛奶，一边加一边搅拌均匀。

④改慢速并慢慢加入色拉油，同时搅拌均匀。

⑤将打好的蛋浆倒入垫纸的炕盘里，放到炉内。用上火 210 ℃、下火 190 ℃炕约 15 分钟熟透，拿出放在一边凉冻。

⑥待稍凉冻后，将蛋糕一分为二。

⑦取一半放在干净的白纸上，在表面抹上一层椰子酱。用一根细酥棍将其卷成实心圆桶状，放在一边静置约 10 分钟定型。

⑧均匀地切成宽约 2 厘米的小圆件即成。

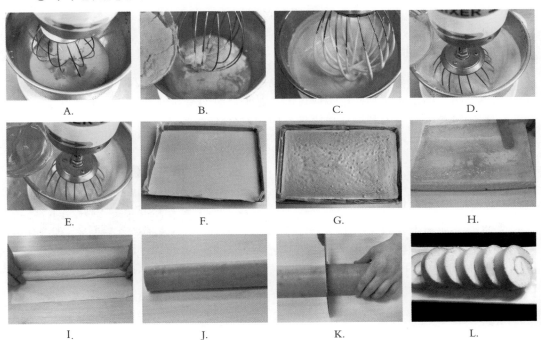

图 13.24 瑞士鸡蛋卷的制作过程

13.6.3　瑞士鸡蛋卷制作的关键

①白糖必须溶解，否则会影响蛋糕的疏松度和柔软度。

②要正确判断蛋浆起发的程度，用手指挑起成鸡尾状，不能过稀或过稠，过稀成品起发不够，过稠则成品会发生收缩，质地较硬。

③加生油时，必须改用慢速添加，否则会影响蛋糕起发。

④蛋浆打好后，应立即入炉，否则放置时间过长会因为油的消泡作用而影响成品的起发。

⑤卷蛋卷时不能过热或过冷，过热产品易烂且易掉皮，过冷则卷制时易爆裂。

13.6.4　瑞士鸡蛋卷的品质要求

要求瑞士鸡蛋卷成品（图 13.25）表面外皮完整，卷制以一圈半为宜，色泽金黄，无裂纹，无空隙，内部组织细腻，质感绵软，食之香味浓郁，甘甜可口。

图 13.25　瑞士鸡蛋卷成品

广东点心从业者必备的职业素养

14.1.1　广东点心从业者必备的职业道德常识

职业道德是指人们在职业生活中所应遵循的道德规范和行为准则。职业道德包括道德观念、道德情操和道德品质。职业道德在饮食行业的具体体现也就是饮食行业道德。作为一名广东点心制作人员，除了应该遵循社会主义的道德规范和行为准则外，还必须对饮食业职业道德进行了解，并遵循这些规范和准则。其基本要求如下：

①热爱祖国，热爱人民，树立全心全意为人民服务的思想，热爱烹饪事业。每一位厨师都应立志做好本职工作，为自己从事的工作感到自豪，将自己的身心融入烹饪事业当中，培养自己高尚的情操和优良的品质，充分发挥自己的聪明才智，以主人翁的态度对待自己的工作。

②生产、制作符合质量标准和卫生标准的饮食。坚持按规定标准和制作程序下料加工，不偷工减料，不降低标准，不加工和出售腐烂变质和过期的食物。一切要对人民群众的健康负责。

③对顾客热情和蔼，说话和气，服务周到，千方百计为顾客着想。对顾客一视同仁，不以貌取人。不分年龄大小，不论职位高低，都以同等态度热情接待和服务。

④刻苦学习业务技术，练好基本功，提高服务质量。讲究卫生、保证人民健康是厨师职业道德的具体体现，厨师必须持"健康证"上岗，严格遵守《中华人民共和国

食品卫生法》。

⑤注意节约，反对浪费。

⑥廉洁奉公，不利用职业之便谋取私利，坚决抵制拉关系、走后门等不正之风。

⑦谦虚谨慎，自觉接受顾客监督，欢迎群众批评，不断改正缺点，提高服务质量。

⑧仪容整洁，举止文雅，相互帮助、协作。

14.1.2 广东点心从业者必备的卫生常识

1）对加工人员个人卫生的要求

①保持手的清洁是防止食品受到污染的重要环节。如在上厕所、处理生肉和动物内脏、清理蔬菜、处理废弃物或腐败物等事情以后，应立即洗净双手。

②勤剪指甲，勤理发，勤洗澡，勤换洗衣服（包括工作服），不得留长指甲，不得涂指甲油和其他化妆品，工作时不得戴戒指。

③加工人员必须持健康证上岗，并定期检查身体，接受预防注射，特别要防止胃肠道病、病毒性肝炎、化脓性或渗出性皮肤病等。

④加工人员进入加工间必须穿戴统一的工作服、工作帽、工作鞋（袜）、头发不得外露，工作服和工作帽必须每天更换。不得将与生产无关的个人用品和饰物带入加工间。

2）操作过程中的卫生要求

①严禁一切人员在加工间内吃食物、吸烟、随地吐痰、乱扔杂物。

②加工操作时，尝试口味应使用小碗或汤匙，尝后余汁不能倒入锅中。

③配料的水盆要定时换水，案板、菜橱每日刷洗一次，砧板用后应立放。炉台上盛调味品的盆、盒在每日下班前要端离炉台并加盖放置。

④抹布要经常搓洗，不能一布多用，消毒后的餐具不能再用抹布干擦。

3）食品卫生"五四"制度

（1）由原料到成品实行"四不"

①采购员不购买腐烂变质的原料。

②保管员不验收腐烂变质的原料。

③加工人员（厨师）不用腐烂变质的原料。

④营业员（服务员）不卖腐烂变质的食品。

针对零售单位的"四不"：不收进腐烂变质的食品；不出售腐烂变质的食品；不用手拿食品；不用废纸污物包装食品。

（2）成品（食物）存放实行"四隔离"

①生与熟隔离。

②成品与半成品隔离。

③食物与杂物、药物隔离。

④食品与天然冰隔离。

（3）用（食）具"四过关"

四过关，即一洗、二刷、三冲、四消毒（蒸汽或开水）。

（4）环境卫生采取"四定"办法

四定，即定人、定物、定时间、定质量。划片分工，包干负责。

（5）个人卫生做到"四勤"

四勤，即勤洗手剪指甲；勤洗澡理发；勤洗衣服、被褥；勤换工作服。

任务2 广东点心从业者必备的安全常识

14.2.1 消防安全常识

1）火灾预防的基本知识

①燃烧俗称"着火"。燃烧是指可燃物与氧化剂作用发生的放热发光的剧烈化学反应，通常伴有火焰、发光或发烟现象。

②火的形成需要下列3个必要条件，即可燃物、助燃物（如空气、氧气）和火源（如明火、火星、电弧或炽热物体）。三者缺一，火就无法形成。

③火灾定义为：在时间和空间上失去控制的燃烧所造成的灾害。

④扑救火灾的方法通常采用窒息（隔绝空气）、冷却（降低温度）和隔离（把可燃物与火焰及氧气隔离开来）。

⑤火灾分为A类火灾、B类火灾、C类火灾、D类火灾和电器火灾5类。

A类火灾：是指固体物质火灾。如木、棉、毛、麻、塑胶、纸张燃烧引起的火灾。

B类火灾：是指可燃性液体和可熔化的固体物质火灾，如汽油、煤油、石蜡等燃烧引起的火灾。

C类火灾：是指可燃性气体火灾。如煤气、烷氢气体燃烧引起的火灾。

D类火灾：是指金属火灾，如钾、钠、镁、锂、铝镁合金燃烧引起的火灾。

电器火灾：是指由电器起火或漏电引起打火燃烧的火灾。

2）常用灭火器的种类及使用方法

（1）干粉灭火器

干粉灭火器是以干粉为灭火剂，适用于A类火灾、B类火灾、C类火灾和电气设备的初起火灾扑救。其使用方法如下：

①拔掉保险插销。

②喷嘴管朝向火焰，压下阀门即可喷出灭火剂。

③每3个月检查1次，药剂有效期为3年。

（2）二氧化碳灭火器

二氧化碳灭火器是以液化的二氧化碳为灭火剂，适用于B类、C类火灾和低压电器设备、仪器、仪表的初起火灾扑救。其使用方法如下：

①拔出保险插销。

②握住喇叭喷嘴和阀门压把。

③压下压把，灭火剂即受内部高压喷出。

④每3个月检查1次，如果重量减少则需要重新灌装。

（3）泡沫灭火器

泡沫灭火器是以泡沫剂为灭火剂，适用于A类、B类火灾，不适用于C类火灾。泡沫灭火器分为化学泡沫和机械泡沫两种。其中，化学泡沫灭火器已淘汰，而机械类泡沫灭火器的使用方法与干粉灭火器相同。每4个月检查1次，药剂有效期为1年。

3）遇火警如何报警

①拨打119电话。

②报告火警时间、发生地点、附近明显的标记，以及火灾种类。

③不可错报、谎报火警。

14.2.2　安全用电常识

①广东点心工作场所最常见的电气事故是触电事故和电路故障。

②触电事故是指人身触及带电体（或过分接近高压带电体）时，电流流过人体造成的人身伤害事故。触电可造成人身的致伤、致残、致死。

③电路故障是指电能在传递、分配、转换的过程中，失去控制造成的事故。线路或设备的电路故障（如漏电、短路）不仅威胁人身安全，而且会严重损坏电气设备。

④电气设备和线路的绝缘必须良好。裸露的带电导体应该按电器安全距离安装或设置安全遮栏，挂上警告标志，严禁人员靠近。

⑤按不同工作环境规定的安全电压额定值的等级为42V、36V、24V、12V和6V，一般情况下，安全电压数值为36V。常用的动力负荷用380V，常用的照明、电热与民用或工业负荷用220V。使用电源应事先明确其供电电压值，绝不可滥用。

⑥移动式照明应采用36V安全电压，而在金属容器内或者潮湿场所不能超过12V。

⑦在使用手持或电动工具（如手电钻）前必须检查保护性接地或者接零措施。

⑧电路未经证明是否有电时，应视作有电处理，不能用手触摸，不得擅自开动电气设备、仪表，不得接插电源。

⑨电气设备出现故障或者中途停电时，应首先关闭电源开关或电闸。

⑩电气设备使用后，要进行检查并关闭电源后方可离开。

⑪易燃类物品不得放在容易产生火花的电器（电闸、继电器、电动机、变压器）附近，避免引起火灾。

⑫电路或电气设备起火，应先切断电源，再用干粉或二氧化碳灭火器灭火。

14.2.3　刀具使用的安全常识

①刀具应妥善保管。当刀具不使用时应挂放在刀架上或专用工具箱内，不能随意放置在不安全的地方，如抽屉内、杂物中。

②刀具要适手。选择一把适合自己的刀具很有必要，这样会很快熟悉它的各项性能，并保证刀具的良好状态。

③按照安全操作规范使用刀具。根据原料的性质和加温的要求，选择合适的刀法，并按刀法的安全操作要求，对原料进行切割。

④刀具要保持刀刃的锋利。在实际操作中，钝的刀刃比锋利的刀刃更容易引起事故，原料一旦滑动就容易发生事故。

⑤严禁用刀胡闹。不得拿着刀或任何锋利的工具进行打闹。一旦发现刀具从高处掉下，不要随手去接。

⑥在使用刀具时，注意力要高度集中。

⑦刀具要摆放合适。不得将刀具放在工作台边，以免掉在地上或砸在脚上；不得将刀具放在菜墩上，以免戳伤自己或他人；切配整理阶段，不要将刀口朝向自己，以免忙乱中碰上刀口。

⑧谨慎使用绞肉、粉碎等机器。使用绞肉机、粉碎机时，必须严格按产品使用说明操作，或定专人负责。

⑨各种形状的刀具要分别清洗。将各种形状的刀具集中放在专用的盘内，并将其分别洗净，切勿将刀具或其他锋利工具沉浸在放满水的洗池内。

⑩谨慎清洁刀口。擦刀具时，将布折叠到一定厚度，从刀具中间部分向外侧刀口擦，动作要慢，要小心。

14.2.4 安全加温技术常识

因为广东点心生产中，主要的加温方法是蒸、煎、炸、烤、煮等，在加温过程中，可能发生烫伤、烧伤甚至火灾事故，所以，必须要加以预防。其主要措施如下：

①熟悉各种加温设备、工具及原材料的基本情况及性能，严格按安全操作规程使用工具、设备。

②从炉灶或烤箱内取出热锅或烤盘前，必须事先准备好合理的位置来放置，减少端锅、盘的时间。事先准备好足以耐烫的抹布或手套。从蒸箱内取出食物前，要先关气降压，打开蒸箱门前要后退，以躲开热蒸汽。

③端送刚出炉的食品时，要垫着盘子运送，前方有人时要打声招呼，以免对方突然转身碰洒烫伤。

④油炸食品时，油不能放得太满，不能超出油锅体积的七成，并有专人负责，其间不得擅自离开岗位，必须及时观察锅内油温高低，采用正确的方法调剂油温。如果因为油温过高起火时，不要惊慌，可迅速盖上灭火毯，隔绝空气灭火，熄灭火源，同时，将油锅平稳地端离火源待其冷却后才能打开锅盖。或视情况使用灭火器扑灭，不要用水浇。

参考文献

[1] 陈有毅，李永军，马庆文. 现代点心制作技术[M]. 北京：机械工业出版社，2012.

[2] 李永军，马庆文. 中式面点制作技能[M]. 北京：机械工业出版社，2008.

[3] 何世晃. 何世晃经典粤点技法[M]. 广州：广东科技出版社，2018.

[4] 徐丽卿. 广式面点教程[M]. 广州：广东经济出版社，2007.

[5] 张政衡，侯正余，徐荣根，等. 中国糕点大全[M]. 2版. 上海：上海科学技术出版社，2005.

[6] 顾伟强. 食品安全与操作规范[M]. 重庆：重庆大学出版社，2015.

[7] 邓谦. 粤菜风味菜点制作[M]. 重庆：重庆大学出版社，2022.